"十二五"国家计算机技能型紧缺人才培养培训教材

教育部职业教育与成人教育司
全国职业教育与成人教育教学用书行业规划教材

中文版
3ds Max
2015 实例教程

蒋志远 ／ 编著

109个基础实例讲解 + 4个综合项目实训 + 152个视频文件教学

■ **专家编写**
　　本书由资深三维动画设计师结合多年工作经验精心编写而成

■ **灵活实用**
　　范例经典、项目实用，步骤清晰、内容丰富、循序渐进，实用性和指导性强

■ **光盘教学**
　　随书光盘包括**152个**视频教学文件、素材文件和范例源文件

海洋出版社
2014年·北京

内 容 简 介

  本书是以基础实例训练和综合项目应用相结合的教学方式介绍三维动画软件 3ds Max 2015 的使用方法和技巧的教程。本书语言平实，内容丰富、专业，并采用了由浅入深、图文并茂的叙述方式，从最基本的技能和知识点开始，辅以大量的上机实例作为导引，帮助读者在较短时间内轻松掌握中文版 3ds Max 2015 的基本知识与操作技能，并做到活学活用。

  本书内容：全书共分为 12 章，着重介绍了 3ds Max 2015 的基本操作、对象的各种编辑操作、基本体建模与复合对象建模、二维图形建模与修改器建模、多边形建模与石墨建模、材质与贴图的创建、灯光与摄像机的应用、环境设置与渲染等内容。最后通过制作简约卧室场景、制作时尚边几模型、创建欧式卧室场景、创建室外卡通小屋场景 4 个综合范例全面掌握 3ds Max 2015 的建模、材质、灯光、摄像机、渲染等方面的操作。

  本书特点：1. 基础案例讲解与综合项目训练紧密结合贯穿全书，边讲解边操练，学习轻松，上手容易。2. 注重学生动手能力和实际应用能力培养的同时，书中还配有大量基础知识介绍和操作技巧说明，加强学生的知识积累。3. 实例典型、任务明确，由浅入深、循序渐进、系统全面，为职业院校和培训班量身打造。4. 每章后都配有练习题，利于巩固所学知识和创新。5. 书中实例收录于光盘中，采用视频讲解的方式，一目了然，学习更轻松！

  适用范围：适用于全国职业院校 3ds Max 三维动画课教材，3ds Max 爱好者和各行各业涉及到使用此软件的人员作为参考书学习，同时也可作为计算机培训学校的培训教材。

图书在版编目(CIP)数据

中文版 3ds Max 2015 实例教程/蒋志远编著. —北京：海洋出版社，2014.10
ISBN 978-7-5027-8958-9

Ⅰ.①中… Ⅱ.①蒋… Ⅲ.①三维动画软件—教材 Ⅳ.①TP391.41

中国版本图书馆 CIP 数据核字（2014）第 224488 号

总 策 划：刘　斌	发 行 部：(010) 62174379（传真）(010) 62132549
责任编辑：刘　斌	(010) 68038093（邮购）(010) 62100077
责任校对：肖新民	网　　址：www.oceanpress.com.cn
责任印制：赵麟苏	承　　印：中煤涿州制图印刷厂北京分厂
排　　版：海洋计算机图书输出中心　申彪	版　　次：2014 年 10 月第 1 版
出版发行：海洋出版社	2014 年 10 月第 1 次印刷
地　　址：北京市海淀区大慧寺路 8 号（716 房间）	开　　本：787mm×1092mm　1/16
100081	印　　张：17
	字　　数：408 千字
经　　销：新华书店	印　　数：1～4000 册
技术支持：(010) 62100055	定　　价：38.00 元（含 1DVD）

本书如有印、装质量问题可与发行部调换

前言
Preface

　　随着科学技术的快速发展，计算机已被广泛应用到建筑装饰行业的各个方面，各种与之相关的软件也层出不穷，其中3ds Max是目前使用最为广泛，最受用户青睐的软件之一。对于希望使用该软件来学习模型设计与制作的用户而言，如何上手？如何创建模型？怎样在短时间内掌握各种操作方法与技巧？便是最迫切希望讲解的问题。本书在基于这些问题的基础上，通过全新的写作方式，以3ds Max 2015版本为例，让用户在轻松的环境中学习模型创建、材质贴图的使用、灯光和摄像机的应用以及室内外效果图的制作等内容，在短时间内便可极大地提高三维模型的制作能力，设计出满意的作品。

　　本书以由浅入深、循序渐进的方式，通过全实例写作风格，详细讲解了3ds Max 2015的各种使用方法，全书共分为12章，具体内容介绍如下。

　　第1章：介绍了3ds Max 2015的基本操作，包括场景单位、界面显示风格、首选项的设置以及场景的新建、重置、打开、保存、关闭、导入、导出等内容。

　　第2章：介绍了对象的各种基本编辑操作，包括对象的移动、旋转、缩放、克隆、镜像、对齐、阵列、发布、捕捉、成组等内容。

　　第3章：介绍了基本几何体与复合对象的建模方法，包括长方体、球体、管状体、圆柱体、切角长方体等几何体建模以及布尔、放样、图形合并等复合对象建模等内容。

　　第4章：介绍了二维图形与修改器的建模方法，包括线、文本、矩形等各种样条线建模，NURBS曲线建模以及倒角、曲面、FFD、噪波、对称、弯曲、扭曲、网格平滑等各种修改器建模等内容。

　　第5章：介绍了多边形建模与石墨建模的方法，包括顶点层级、边层级、多边形层级、几何体层级等各种多边形建模以及石墨建模工具中的生成拓扑、对象选择功能等内容。

　　第6章：介绍了材质与贴图的应用，包括材质球的管理，Blinn、金属、多层、多维/子对象、双面、合成等材质的使用以及位图、凹痕、噪波、渐变等贴图的使用等内容。

　　第7章：介绍了灯光摄像机在场景中的应用，包括目标聚光灯、自由聚光灯、目标平行光、自由平行光、泛光灯、天光、目标灯光、自由灯光等各种类型灯光的添加，灯光的常规参数、高级效果参数、阴影参数、大气效果参数的设置以及摄像机的添加和设置等内容。

　　第8章：介绍了场景渲染环境的设置与各种渲染的方法，包括渲染背景设置、全局照明设置、对数曝光控制、线性曝光控制、大气设置、默认扫描线渲染器、光跟踪器、光能传递以及mental ray渲染器的使用等内容。

　　第9章：通过简约卧室场景的制作，重点学习并巩固了基本几何体建模方法、室内设计场景的布局方式、材质和贴图的使用等知识。

　　第10章：通过时尚边几模型的制作，重点学习并巩固了多边形建模中各子层级的编辑创建方法以及多维/子对象材质的使用等知识。

　　第11章：通过欧式卧室场景的制作，重点学习并巩固了多边形建模、二维图形建模、修改器建模、位图贴图的应用以及灯光和摄像机的使用等知识。

　　第12章：通过室外卡通小屋场景的制作，重点学习并巩固了多边形建模、系统自带模型的使用，毛发系统的应用，天光照明的使用等内容。

　　本书由蒋志远编著，参加编写、校对、排版的人员还有李静、陈锐、曾秋悦、刘毅、邓曦、陈林庆、胡凯、林俊、郭健、程茜、张黎鸣、汪照军、邓兆煊、李辉、张海珂、冯超、黄碧霞、王诗闽、余慧娟、熊怡、郭晓峰、李凤等。

　　在此感谢购买本书的读者，虽然编者在编写本书的过程中倾注了大量心血，但恐百密之中仍有疏漏，恳请广大读者及专家不吝赐教。衷心希望您在本书的帮助下，能够全面且熟练地使用3ds Max 2015进行模型设计，制作出满意的设计效果图。

编 者

Contents
目录

第1章 3ds Max 2015基本操作

实例001 设置界面显示风格.....................2
实例002 设置场景单位.............................3
实例003 显示与隐藏界面组成.................4
实例004 首选项设置.................................5
实例005 设置视图布局.............................5
实例006 设置视图显示模式.....................6
实例007 使用快捷键控制视图.................7
实例008 新建场景文件.............................8

实例009 重置场景.....................................9
实例010 打开场景文件.............................9
实例011 保存场景文件...........................10
实例012 导入场景文件...........................11
实例013 导出场景文件...........................12
现学现用 熟悉3ds Max 2015基本操作...12
提高练习1 快捷键控制视口...................17
提高练习2 场景文件操作.......................17

第2章 对象的各种编辑操作

实例014 精确移动对象...........................20
实例015 精确旋转对象...........................21
实例016 均匀缩放对象...........................21
实例017 非均匀缩放对象.......................22
实例018 选择并挤压对象.......................23
实例019 复制克隆对象...........................24
实例020 实例克隆对象...........................25
实例021 镜像对象...................................26
实例022 镜像复制对象...........................27
实例023 镜像偏移对象...........................28
实例024 对齐对象...................................28
实例025 一维增量阵列对象...................29
实例026 一维总计阵列对象...................30

实例027 一维旋转阵列对象...................31
实例028 路径间隔分布对象...................32
实例029 2D捕捉对象...............................34
实例030 2.5D捕捉对象............................35
实例031 3D捕捉对象...............................36
实例032 角度捕捉...................................38
实例033 对象成组...................................39
实例034 打开关闭组对象.......................39
实例035 附加组对象...............................40
实例036 分离组对象...............................41
现学现用 制作室内衣架.......................42
提高练习1 创建百叶窗...........................46
提高练习2 制作茶几...............................46

第3章　基本体建模与复合建模

实例037　长方体建模	49	实例045　复合对象布尔	60
实例038　球体建模	50	实例046　复合对象ProBoolean	62
实例039　圆柱体建模	51	实例047　复合对象图形合并	63
实例040　圆环建模	53	实例048　复合对象放样	64
实例041　管状体建模	54	实例049　复合对象多截面放样	65
实例042　切角长方体建模	56	现学现用　现代书桌建模	65
实例043　切角圆柱体建模	57	提高练习1　创建室内装饰品	69
实例044　异面体建模	58	提高练习2　制作窗帘	69

第4章　二维图形建模与修改器建模

实例050　线的创建	72	实例059　对称修改器	88
实例051　文本创建	74	实例060　弯曲修改器	89
实例052　矩形样条线	75	实例061　扭曲修改器	92
实例053　NURBS曲线	77	实例062　网格平滑修改器	94
实例054　倒角修改器	78	现学现用　单人沙发建模	95
实例055　倒角剖面修改器	80	提高练习1　创建斜口花瓶模型	99
实例056　曲面修改器	81	提高练习2　创建床单模型	100
实例057　FFD修改器	84	提高练习3　创建马桶模型	100
实例058　噪波修改器	85		

第5章　多边形建模与石墨建模

实例063　编辑顶点	103	实例068　石墨建模工具生成拓扑	120
实例064　编辑边	106	实例069　石墨建模工具修改选择面板	121
实例065　编辑边界	110	现学现用　创建水龙头模型	127
实例066　编辑多边形	114	提高练习1　创建现代茶几模型	132
实例067　编辑几何体	118	提高练习2　创建现代花瓶	133

第6章　材质与贴图的创建

实例070　材质球的基本管理..................135
实例071　Blinn材质............................136
实例072　金属材质............................138
实例073　多层材质............................139
实例074　多维/子对象材质...................140
实例075　双面材质............................142
实例076　合成材质............................143
实例077　位图贴图............................145
实例078　凹痕贴图............................146
实例079　噪波贴图............................147
实例080　渐变贴图............................148
现学现用　为茶几组合赋予材质与
　　　　　贴图................................149
提高练习1　为MP4赋予材质..................154
提高练习2　为床单赋予材质..................154
提高练习3　为棱形地砖赋予材质..........155

第7章　灯光与摄像机的应用

实例081　目标聚光灯的添加..............157
实例082　自由聚光灯的添加..............158
实例083　目标平行光的添加..............158
实例084　自由平行光的添加..............159
实例085　泛光灯的添加......................160
实例086　天光的添加........................161
实例087　目标灯光的添加..................162
实例088　自由灯光的添加..................163
实例089　灯光的常规设置..................164
实例090　灯光的强度、颜色和
　　　　　衰减设置..........................165
实例091　聚光灯参数设置..................166
实例092　灯光的高级效果设置..............167
实例093　灯光的阴影设置..................168
实例094　灯光的阴影贴图设置..............169
实例095　灯光的大气和效果设置........170
实例096　目标摄像机的添加..............171
实例097　目标摄像机的设置..............172
现学现用　为卧室场景添加灯光和
　　　　　摄像机..............................173
提高练习1　用泛光灯制作台灯效果.......175
提高练习2　为电视墙场景布光.............176

第8章　环境设置与渲染

实例098　渲染背景设置......................178
实例099　全局照明设置......................179
实例100　对数曝光控制......................179
实例101　线性曝光控制......................180

实例102　大气的添加与设置............181
实例103　渲染帧窗口的基本用法...........183
实例104　设置图像输出大小.................184
实例105　指定渲染器...........................184
实例106　默认扫描线渲染器的使用.......185
实例107　光跟踪器..............................186
实例108　光能传递..............................187

实例109　mental ray渲染器....................189
现学现用　设置并渲染现代书房场景.....190
提高练习1　渲染纸袋场景...................192
提高练习2　使用mental ray渲染筒灯
　　　　　场景...............................193
提高练习3　使用默认扫描线渲染器
　　　　　渲染碗场景....................193

第9章　创建"简约卧室"场景　195

第10章　创建"时尚边几"模型　209

第11章　创建"欧式卧室"场景　226

第12章　创建"室外卡通小屋"模型　247

第1章
3ds Max 2015
基本操作

3ds Max是由Autodesk公司开发的用于三维模型制作和三维动画设计的软件，它广泛应用于室内外设计、工业设计、动画制作、广告设计等多个领域。本书将以3ds Max 2015版本为例，详细介绍该软件的使用方法。下面首先熟悉3ds Max 2015的各种基本操作，包括场景的设置、视图布局的显示以及场景文件的使用等。

Example 实例 001 设置界面显示风格

3ds Max 2015默认的显示风格为黑色背景，习惯了3ds Max 2009显示风格的用户可将其更改为灰色显示，当然还可更改为其他喜欢的风格。

素材文件	无
效果文件	无
动画演示	动画\第1章\001.swf

下面以将默认显示风格更改为3ds Max 2009的灰色风格为例，介绍设置界面风格的方法，其操作步骤如下。

01 启动3ds Max 2015，选择【自定义】/【加载自定义用户界面方案】菜单命令，如图1-1所示。

02 打开"加载自定义用户界面方案"对话框，选择"ModularToolbarsUI"文件选项，然后单击 打开(Q) 按钮，如图1-2所示。

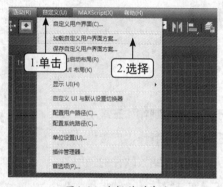

图1-1　选择菜单命令

图1-2　选择界面风格文件

 专家课堂

启动3ds Max 2015的方法

单击桌面左下角的"开始"按钮，在弹出的"开始"菜单中选择【3ds Max 2015】菜单命令，或直接双击桌面上的快捷启动图标，均可启动3ds Max 2015。

03 此时软件提示正在加载自定义方案，如图1-3所示。

04 稍后即可将界面显示风格更改为3ds Max 2009的灰色风格，如图1-4所示。

图1-3　加载界面

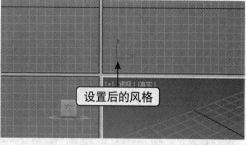

图1-4　完成加载

Example **实例** OO2 设置场景单位

3ds Max 2015提供了各种公制单位和光源单位，在制作不同的产品模型时，可以根据实际需要随时对场景单位进行调整。

素材文件	无
效果文件	无
动画演示	动画\第1章\002.swf

下面以将场景单位更改为"毫米"为例，介绍设置场景单位的方法，其操作步骤如下。

01 在3ds Max 2015操作界面中选择【自定义】/【单位设置】菜单命令，如图1-5所示。

02 打开"单位设置"对话框，在"显示单位比例"栏中选中"公制"单选项，如图1-6所示。

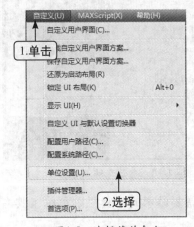

图1-5 选择菜单命令

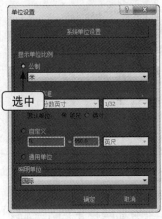

图1-6 设置显示单位比例

03 在"公制"单选项下方的下拉列表框中选择"毫米"选项，然后单击上方的 系统单位设置 按钮，如图1-7所示。

04 打开"系统单位设置"对话框，在"系统单位比例"栏下方的下拉列表框中选择"毫米"选项，然后依次单击 确定 按钮即可，如图1-8所示。

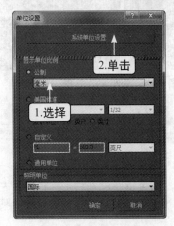

图1-7 设置公制单位

图1-8 设置毫米

Example 实例 003 显示与隐藏界面组成

3ds Max 2015的界面包含多个组成部分，各个部分并不是固定显示在界面中的，可根据需要选择要显示或隐藏的部分，以便建模时更好地操作。

素材文件	无
效果文件	无
动画演示	动画\第1章\003.swf

下面以打开浮动工具栏为例，介绍浮动工具栏的显示与隐藏的方法，其操作步骤如下。

01 在3ds Max 2015操作界面中选择【自定义】/【显示UI】菜单命令，如图1-9所示。

02 在弹出的子菜单中选择"显示浮动工具栏"命令，如图1-10所示。

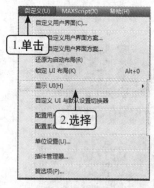

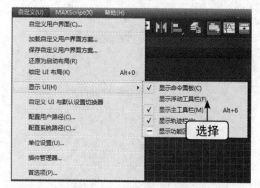

图1-9　选择菜单命令　　　　　　　　图1-10　显示浮动工具栏

03 此时界面中将打开所有浮动工具栏，对于不需要显示的工具栏则可单击其右上角的"关闭"按钮 将其关闭，如图1-11所示。

04 拖动工具栏上的标题区域可调整浮动工具栏的显示位置。若将工具栏拖动到操作界面中已有组成部分附近，则可将其嵌入到操作界面中，如图1-12所示。

图1-11　关闭工具栏　　　　　　　　图1-12　嵌入浮动工具

专家课堂

关闭嵌入浮动工具栏

当浮动工具栏嵌入工具面板后，如果想将其隐藏，则可以在嵌入后工具栏的最左侧按住鼠标左键不放并向外拖动鼠标，将其脱离操作界面重新成为浮动工具栏，再单击 按钮将其关闭。

Example 实例 004 首选项设置

3ds Max 2015具有非常人性化的设置功能，允许用户对常规选项、视口、渲染等各方面进行设置和调整，这些操作均可通过"首选项"命令来实现。

素材文件	无
效果文件	无
动画演示	动画\第1章\004.swf

下面通过设置撤销次数来讲解首选项的设置方法，其操作步骤如下。

01 在3ds Max 2015操作界面中选择【自定义】/【首选项】菜单命令，如图1-13所示。

02 打开"首选项设置"对话框，单击"常规"选项卡，在"场景撤销"栏的"级别"数值框中输入"50"，然后单击 确定 按钮完成设置，如图1-14所示。

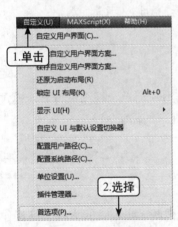

图1-13　选择菜单命令

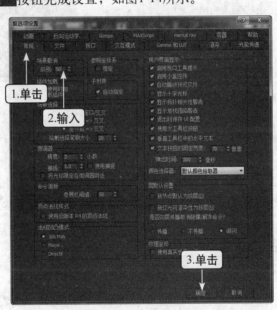

图1-14　常规首选项设置

Example 实例 005 设置视图布局

在启动3ds Max 2015后，场景中提供了默认的4个相同大小的视图（也称视口），它们分别为顶视图、前视图、左视图、透视图，可以根据自己的使用习惯改变这些视图，包括改变显示位置和显示大小等。

素材文件	无
效果文件	无
动画演示	动画\第一章\005.swf

下面将以视图布局设置为某种预设布局效果为例，介绍视图布局的设置方法，其操作步骤如下。

01 在3ds Max 2015操作界面中选择【视图】/【视口配置】菜单命令，如图1-15所示。

02 打开"视口配置"对话框，单击"布局"选项卡，选择▦布局方式，再单击█确定█按钮，即可改变视图的布局方式，如图1-16所示。

图1-15 选择菜单命令

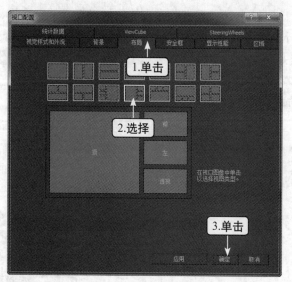

图1-16 视图布局设置

Example 实例 006 设置视图显示模式

在3ds Max 2015中，除了可以设置视图布局以外，还能分别对单个视图进行显示模式设置，如线框模式、边面模式等，以满足建模时对模型结构处理的需求。

素材文件	素材\第1章\长方体.max
效果文件	无
动画演示	动画\第1章\006.swf

下面将以透视图设置为边面显示模式为例，介绍设置视图显示模式的方法，其操作步骤如下。

01 打开光盘提供的素材文件"长方体.max"。在3ds Max 2015操作界面中右击透视图将其变为当前活动视图，如图1-17所示。

02 在透视图中单击左上方的█真实█按钮，如图1-18所示。

图1-17 切换到透视图

图1-18 单击显示模式按钮

03 在弹出的下拉列表中选择"边面"选项，此时透视图中的长方体将会显示出它的边面结构线，如图1-19所示。

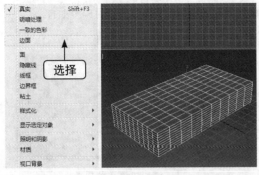

图1-19 设置显示模式

专家课堂

线框显示模式

当需要将透视图中的对象切换为线框显示时，可单击透视图左上方的 **真实** 按钮，在弹出的下拉列表中选择"线框"选项即可，也可直接在视口中按【F3】键进行切换。

Example 实例 007 **使用快捷键控制视图**

要想高效地进行模型创建和编辑操作，就需要熟练地控制视图，比如视图的切换、视图中模型的显示大小、视图显示模式的切换等，而这些常用的控制方法，均可利用快捷键来完成。

素材文件	素材\第1章\圆柱体.max
效果文件	无
动画演示	动画\第1章\007.swf

下面将以在顶视图中使用快捷键控制视图为例，介绍一些常用的快捷键操作，其操作步骤如下。

01 打开光盘中提供的素材文件"圆柱体.max"，在3ds Max 2015的操作界面中右击顶视图，如图1-20所示。

02 在顶视图中按【L】键，可直接将顶视图切换为左视图，按【F】键可切换到前视图，按【P】键可切换到透视图，按【T】键可切换回顶视图，如图1-21所示。

图1-20 切换到顶视图

图1-21 通过快捷键切换视图

03 在任意视图中按【G】键，可显示或隐藏该视图背景中的栅格线，如图1-22所示。

04 在任意视图中按【Alt+W】键可切换为最大化显示该视图的模式，如图1-23所示。

图1-22 隐藏背景栅格线

图1-23 最大化显示视图

05 在任意视图中按【Z】键可在当前视图中最大化显示选择对象，如图1-24所示。

06 在任意视图中按【F3】键可在线框模式和真实模式下切换视图，如图1-25所示。

图1-24 最大化显示   图1-25 切换显示模式

07 在任意视图中按【F4】键可在真实模式的基础上切换为"真实+边面"显示模式，如图1-26所示。

08 在任意视图中滚动鼠标滚轮，可放大或缩小视图，如图1-27所示。

图1-26 切换显示模式   图1-27 缩放视图

09 按住鼠标滚轮并拖动可平移视图，如图1-28所示。

10 按住【Alt】键的同时按住鼠标滚轮并拖动可调整视图的显示角度，如图1-29所示。

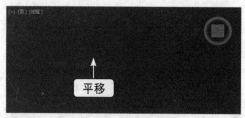

图1-28 平移视图   图1-29 调整视图显示角度

Example 实例 008 新建场景文件

场景文件是模型的载体，任何模型都必须在场景文件中才能使用。新建场景文件可以清除当前场景中的内容，但不会更改视图配置、捕捉设置、材质编辑器等设置好的对象。

素材文件	无
效果文件	无
动画演示	动画\第1章\008.swf

下面介绍新建场景文件的方法，其操作步骤如下。

01 在3ds Max 2015操作界面标题栏左侧的快速访问工具栏中单击"新建场景"按钮，如图1-30所示。

02 在打开的"新建场景"对话框中选中"新建全部"单选项，然后单击 确定 按钮，如图1-31所示。

图1-30　新建场景　　　　　　　　　　图1-31　选择新建方式

专家课堂

新建场景选项

新建场景时也可将场景中的对象以及层次进行保留。在打开的"新建场景"对话框中选中"保留对象"单选项或"保留对象和层次"单选项并单击 确定 按钮即可。

Example 实例 009 重置场景

重置场景文件与新建场景文件不同，它不仅会清除所有数据，还会将所有的设置更改为默认设置。

素材文件	无
效果文件	无
动画演示	动画\第1章\009.swf

下面介绍重置场景的方法，其操作步骤如下。

01 在3ds Max 2015操作界面左上角单击标题栏左侧的Logo按钮 ，在弹出的下拉菜单中选择【重置】命令，如图1-32所示。

02 打开"3ds Max"对话框，单击 是(Y) 按钮即可完成重置场景的操作，如图1-33所示。

图1-32　选择重置命令　　　　　　　　图1-33　重置场景

Example 实例 010 打开场景文件

打开场景文件是指在当前场景下打开另一个已保存的场景文件，对当前场景进行替换。当原场景中有对象时可选择是否保留。

素材文件	素材\第1章\球体.max
效果文件	无
动画演示	动画\第1章\010.swf

下面将以一个无对象的原场景来打开一个场景文件为例，介绍打开场景文件的方法，其操作步骤如下。

01 在3ds Max 2015操作界面标题栏左侧单击快速访问工具栏中的"打开文件"按钮 ，如图1-34所示。

02 在打开的"打开文件"对话框中选择光盘中提供的"球体.max"文件选项，然后单击 打开(O) 按钮，即可打开场景文件。如图1-35所示。

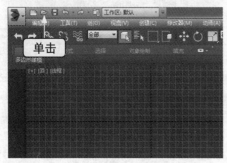

图1-34 单击打开文件按钮

图1-35 打开文件

 专家课堂

通过Logo按钮打开文件

在3ds Max 2015的操作界面中单击标题栏左侧的Logo按钮 ，在弹出的下拉菜单中选择【打开】命令，也可打开"打开文件"对话框，并选择需要打开的场景文件。

Example 实例 **011 保存场景文件**

保存场景文件可以避免因死机、断电等意外情况造成数据丢失，特别是对于3ds Max 2015这种大型软件而言，因电脑配置或操作失误等原因，死机的情况会时有出现，因此需要在创建模型时随时进行保存，以最大限度保证数据不会丢失。

素材文件	无
效果文件	无
动画演示	动画\第1章\011.swf

下面介绍保存场景文件的方法，其操作步骤如下。

01 在3ds Max 2015操作界面中单击标题栏左侧的Logo按钮 ，在弹出的下拉菜单中选择【保存】命令，如图1-36所示。

02 打开"文件另存为"对话框，在"保存在"下拉列表框中设置文件的保存路径，在"文件名"下拉列表框中输入文件名称，然后单击 保存(S) 按钮即可，如图1-37所示。

图1-36 选择保存命令

图1-37 保存命名文件

Example 实例 012 导入场景文件

导入场景文件可在原场景中导入另一个场景文件里的模型对象，与打开场景文件不同，导入场景文件不会替换原文件，而是将新导入的文件中的模型合并到当前场景中。导入场景文件的类型分为多种，其中包括导入、合并、替换等，选择的类型不同其导入文件的结果也会不同。

素材文件	素材\第1章\茶壶.max
效果文件	无
动画演示	动画\第1章\012.swf

下面以"合并"的导入方式为例，具体介绍导入场景文件的方法，其操作步骤如下。

01 在3ds Max 2015操作界面中单击标题栏左侧的Logo按钮 ，在弹出的下拉菜单中选择【导入】/【合并】命令，如图1-38所示。

02 打开"合并文件"对话框，在"查找范围"下拉列表框中选择保存的文件夹，在下方的列表框中选择提供的"茶壶.max"文件选项，然后单击 打开(O) 按钮，如图1-39所示。

图1-38 合并导入

图1-39 选择合并文件

03 打开"合并-茶壶.max"对话框，单击 全部(A) 按钮，然后单击 确定 按钮，便可将茶壶导入到场景中，如图1-40所示。

1.单击

2.单击

图1-40 合并对象

专家课堂 ||||||||||||||||||||

选择合并文件

如果需合并的场景中有多个模型对象，可在"合并"对话框下方的列表框中利用【Ctrl】键加选需要合并的对象，然后单击 确定 按钮进行合并。

Example 实例 013 **导出场景文件**

导出场景文件类似于保存场景文件，但导出场景文件可以导出为CAD、Illustrator识别的DWG、DXF、AI等格式的文件，以便在这些软件中进行加工和编辑操作。

素材文件	无
效果文件	无
动画演示	动画\第一章\013.swf

下面将以导出DWG文件为例，介绍导出场景文件的方法，其操作步骤如下。

01 在3ds Max 2015操作界面中单击标题栏左侧的Logo按钮 ，在弹出的下拉菜单中选择【导出】命令，如图1-41所示。

02 在打开的"选择要导出的文件"对话框中选择好需要保存的路径，在"文件名"下拉列表框中输入名称，在下方的"保存类型"下拉列表框中选择"AutoCAD（*.DWG）"选项，最后单击 保存(S) 按钮，便可导出DWG格式文件。如图1-42所示。

1.单击

2.选择

图1-41 选择导出选项

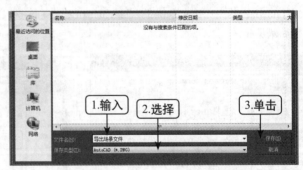

1.输入 2.选择 3.单击

图1-42 导出DWG文件

现学现用 **熟悉3ds Max 2015基本操作**

本章重点介绍了3ds Max 2015的各种基本操作，包括场景单位的设置、首选项的设置、视图布局的设置，以及新建、重置、打开、保存场景文件等操作。下面将通过对场景的各种操作和设置，进一步巩固本章讲解的内容。本范例将重点练习打开场景、设置场景、保存场景以及使用快捷键控制场景等操作，具体流程如图1-43所示。

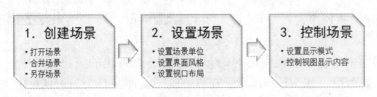

图1-43　操作流程示意图

素材文件	素材\第1章\茶壶、球体.max
效果文件	效果\第1章\基础操作.max
动画演示	动画\第1章\1-1.swf、1-2.swf、1-3.swf

1. 创建场景

下面将首先打开一个场景，再合并导入另一个模型对象，然后将此场景另存为新的场景文件，其操作步骤如下。

01 打开3ds Max 2015，在标题栏左侧单击快速访问工具栏中的"打开文件"按钮 ，如图1-44所示。

02 在打开的"打开文件"对话框中选择提供的"茶壶.max"文件选项，然后单击 打开(O) 按钮，如图1-45所示。

图1-44　单击打开文件按钮

图1-45　选择文件

03 在操作界面中继续单击标题栏左侧的Logo按钮 ，在弹出的下拉菜单中选择【导入】/【合并】命令，如图1-46所示。

04 在打开的"合并文件"对话框中选择提供的"球体.max"文件选项，然后单击 打开(O) 按钮，如图1-47所示。

图1-46　选择合并选项

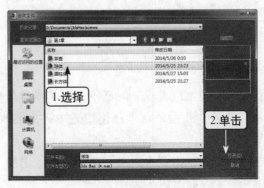

图1-47　选择合并文件

05 打开"合并-球体.max"对话框，单击 全部(A) 按钮，然后单击 确定 按钮，如图1-48 所示。

06 在操作界面中单击标题栏左侧的Logo按钮 ，在弹出的下拉菜单中选择【另存为】/ 【另存为】命令，如图1-49所示。在打开的"文件另存为"对话框中选择路径进行保存即可。

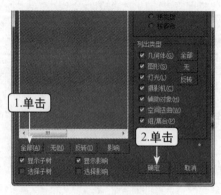

图1-48 合并文件

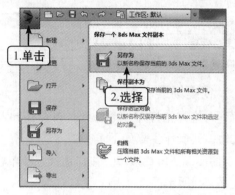

图1-49 选择另存为选项

2. 设置场景

完成场景的另存为操作后，下面将对场景单位进行设置，然后调整3ds Max 2015的界面显示风格，接着对视口布局进行调整，其操作步骤如下。

01 在菜单栏中单击"自定义"菜单，在弹出的下拉菜单中选择"单位设置"命令，如图1-50所示。

02 在打开的"单位设置"对话框中单击"系统单位设置"按钮，如图1-51所示。

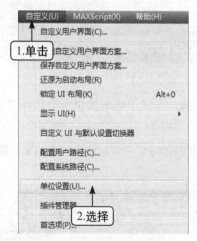

图1-50 设置单位

图1-51 系统单位设置

03 打开"系统单位设置"对话框，在"系统单位比例"栏右侧的下拉列表框中选择"毫米"选项，然后依次单击 确定 按钮关闭两个对话框，完成单位的设置，如图1-52所示。

04 在菜单栏中单击"自定义"菜单，在弹出的下拉菜单中选择"加载自定义用户界面方案"命令，如图1-53所示。

图1-52 设置系统单位

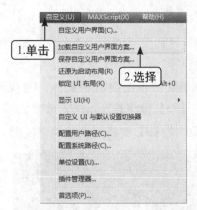

图1-53 选择加载自定义界面方案

05 打开"加载自定义用户界面方案"对话框,选择"ModularToolbarsUI"文件选项,然后单击 打开(O) 按钮,如图1-54所示。

06 稍后将打开"加载自定义用户界面方案"提示对话框,单击 确定 按钮完成加载,如图1-55所示。

图1-54 加载用户界面方案

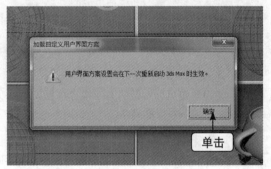

图1-55 完成加载

07 单击"视图"菜单,在弹出的下拉菜单中选择"视口配置"命令,如图1-56所示。

08 在打开的"视口配置"对话框的"布局"选项卡中选择 选项,然后单击 确定 按钮,如图1-57所示。

图1-56 选择视口配置选项

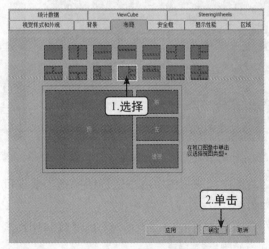

图1-57 改变视口布局

3. 控制场景

下面将在已调整好的视图布局中，通过快捷键来控制视图的不同显示模式、显示大小以及显示内容等，其操作步骤如下。

01 在左侧最大的视图中右击鼠标，当视图外框显示为黄色，此时可对当前视图进行操作。按【F3】键将其显示模式改变为"真实+边面"显示模式，如图1-58所示。

02 在视图中按【P】键将其切换为透视图，如图1-59所示。

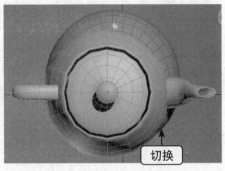

图1-58 切换显示模式

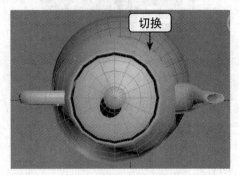

图1-59 切换显示内容

专家课堂

视图的选择

使用单击鼠标右键的方法选择视图，可避免单击鼠标左键选择视图后，有可能会误选视图中的某个模型对象的麻烦。

03 在视图中同时按住【Alt】键与鼠标左键不放，并拖动鼠标，将视图中的对象角度旋转成为如图1-60所示的效果。

04 在右侧最上方的视图中右击鼠标切换到当前视图操作，按【T】键将其切换成为顶视图，如图1-61所示。

图1-60 旋转视图

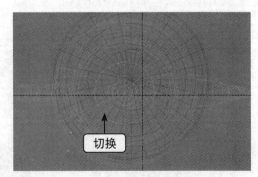

图1-61 切换顶视图

05 在右侧中间的视图中右击鼠标切换到当前视口操作，按【F】键将其切换成为前视图，如图1-62所示。

06 在右侧最下方的视口中按【L】键将其切换到左视图，完成所有操作再次保存文件即可，如图1-63所示。

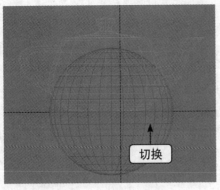 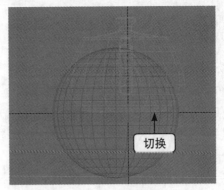

图1-62 切换前视图　　　　图1-63 切换左视图

专家课堂

使用按钮控制视图

在场景视图右下角中存在多个按钮，这些按钮可对视图进行不同的控制操作，将鼠标指针移至其上并稍作停留，可在弹出的信息中了解按钮的相关作用。

提高练习1　快捷键控制视口

本练习主要巩固在场景中使用快捷键控制视口显示模式与内容的方法，主要包括去除视口中的背景栅格线，将视图中的对象最大化显示，单屏显示视图、缩放视图、旋转视图、将视图显示模式设置为线框显示、"真实＋边面"显示等操作。

素材文件	素材/第1章/初始场景.max
效果文件	无

练习提示：

（1）双击桌面上的快捷启动图标，启动3ds max 2015。

（2）左侧单击快速访问工具栏中的"打开文件"按钮，打开光盘提供的素材文件"初始场景.max"。

（3）在顶视图中按【G】键，隐藏背景栅格线。

（4）在顶视图中按【Z】键，最大化显示对象。

（5）在顶视图中按【Alt+W】键，单屏显示该视图。

（6）滑动鼠标滚轮，缩放视图。

（7）同时按住【Alt】键与鼠标左键，并拖动鼠标，旋转视图。

（8）按【F3】键在"真实"与"线框"模式中切换。

（9）在"真实"显示模式下按【F4】键切换"真实+边面"模式。

提高练习2　场景文件操作

本练习将重点巩固3ds Max 2015中场景文件的操作，主要包括新建、打开、保存、合并和导出场景文件。

素材文件	素材/第1章/栏杆.max、球体.max
效果文件	效果/第1章/栏杆.max

练习提示:

(1) 双击桌面上的快捷启动图标 ,启动3ds max 2015。

(2) 左侧的快速访问工具栏中单击"新建场景"按钮 ,进行场景新建。

(3) 左侧单击快速访问工具栏中的"打开文件"按钮 ,打开光盘提供的素材文件"栏杆.max"。

(4) 通过Logo按钮 下拉菜单命令将光盘中提供的素材文件"球体.max"合并到场景中。

(5) 通过Logo按钮 下拉菜单命令将此场景保存。

(6) 通过Logo按钮 下拉菜单命令导出场景文件,将导出文件类型选择为"3D Studio"类型。

第2章
对象的各种编辑
操作

为了更好地利用3ds Max 2015提供的强大功能进行建模工作，本章将首先讲解有关对象的各种基本操作。主要包括对象的选择、移动、旋转、缩放、镜像、对齐、克隆、阵列、间隔和组操作以及捕捉工具的使用和坐标系的设置等内容。通过本章的学习，可以更好地控制各种对象，从而为后面的建模学习打下坚实的基础。

Example 实例 〇14 **精确移动对象**

对象的移动是编辑对象中最基本的编辑操作，当需要改变场景中模型放置的位置时，就需要通过移动模型来完成。

素材文件	素材\第2章\室外石桌\室外石桌.max
效果文件	效果\第2章\室外石桌\室外石桌.max
动画演示	动画\第2章\014.swf

通过对多个基本模型的精确移动可组建出全新的模型，下面通过对2个基本模型进行移动创建出一个室外石桌模型，其操作步骤如下。

01 打开光盘提供的素材文件"室外石桌.max"。在顶视图中将鼠标移动到右侧小长方体任意一条边框上，单击鼠标将其选中，选中后的对象边框呈现白色且中心出现红色十字坐标轴，如图2-1所示。

02 在工具栏中右击"选择并移动"按钮 ，打开"移动变换输入"对话框，如图2-2所示。

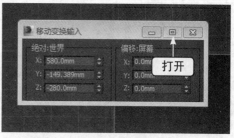

图2-1　选中长方体

图2-2　打开移动变换输入对话框

03 在"绝对：世界"栏"X"文本框中双击鼠标，将其呈现为可输入状态。如图2-3所示。

04 在"X"文本框中输入"-580.0"，然后按【Enter】键确认输入，如图2-4所示。

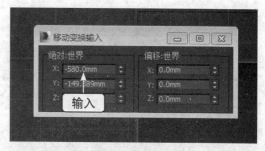

图2-3　双击文本框

图2-4　输入数值

05 在对话框"绝对：世界"栏"Z"文本框中双击鼠标，将其呈现为可输入状态，如图2-5所示。

06 在"Z"文本框中输入"280"，再按【Enter】键确认输入，即可完成室外石桌的组合创建，最后再单击 按钮关闭对话框，如图2-6所示。

图2-5 双击Z文本框   图2-6 输入数值

Example 实例 015 精确旋转对象

旋转对象是对象编辑中经常用到的操作，通过旋转对象可以随意调整对象的角度与方向，以得到需要的效果。

素材文件	素材\第2章\倾斜的茶壶\倾斜的茶壶.max
效果文件	效果\第2章\倾斜的茶壶\倾斜的茶壶.max
动画演示	动画\第2章\015.swf

下面将通过精确的旋转创建出一个倾斜的茶壶模型，其操作步骤如下。

01 打开光盘提供的素材文件"倾斜的茶壶.max"。在前视图中单击鼠标选中对象，如图2-7所示。

02 在工具栏中右击"选择并旋转"按钮⟲，打开"旋转变换输入"对话框，如图2-8所示。

图2-7 选中对象   图2-8 旋转变换输入对话框

03 在打开的"旋转变换输入"对话框的"绝对：世界"栏"Y"文本框中输入"45"然后再按【Enter】键确认输入，如图2-9所示。

04 最后单击对话框右上角的 ✕ 按钮，如图2-10所示，完成倾斜的茶壶创建。

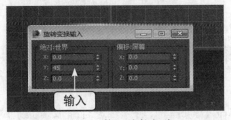

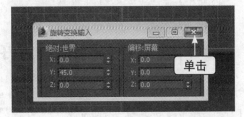

图2-9 输入旋转数值   图2-10 关闭对话框

Example 实例 016 均匀缩放对象

在创建对象的过程中，经常需要改变对象的比例大小，从而来适应整个场景，所以缩放工具便成为常用的对象编辑工具，而均匀的缩放可沿所有三个轴以相同的数量进行缩放，同时保持对象的原始比例不会变形。

素材文件	素材\第2章\佛珠手串\佛珠手串.max
效果文件	效果\第2章\佛珠手串\佛珠手串.max
动画演示	动画\第2章\016.swf

下面将用均匀缩放工具创建大小不一的佛珠手串，其操作步骤如下。

01 打开光盘提供的素材文件"佛珠手串.max"。在工具栏中单击"选择并移动"按钮 ，继续在顶视图中单击鼠标选中如图2-11所示的球体对象。

02 按住【Ctrl】键，在顶视图中以间隔一个的方式依次单击球体对象，将其加选，如图2-12所示。

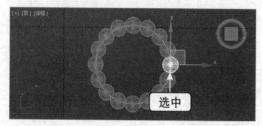

图2-11　选中对象

图2-12　加选对象

03 在工具栏中右击"选择并均匀缩放"按钮 ，打开"缩放变换输入"对话框，如图2-13所示。

04 在打开的"缩放变换输入"对话框的"绝对：局部"栏中依次在"X"、"Y"、"Z"文本框中分别输入"70.0"、"70.0"、"70.0"，然后按【Enter】键确认输入，最后单击对话框左上角的 按钮，如图2-14所示，关闭对话框完成佛珠手串的创建。

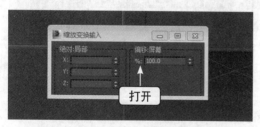

图2-13　打开"缩放变换输入"对话框

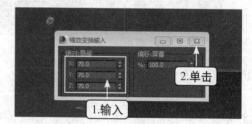

图2-14　输入缩放参数

Example 实例 **017 非均匀缩放对象**

非均匀缩放是指沿对象的三个轴以不相同的数量进行缩放，通常在使用非均匀缩放时会直接使用缩放坐标轴来控制缩放，也可以只沿对象的单个坐标轴进行缩放，其余两个坐标轴会随之缩放而自动进行不均匀的比例变化。

素材文件	素材\第2章\室内装饰品\室内装饰品.max
效果文件	效果\第2章\室内装饰品\室内装饰品.max
动画演示	动画\第2章\017.swf

下面将用球体通过非均匀缩放来创建一个室内装饰品，其操作步骤如下。

01 打开光盘提供的素材文件"室内装饰品.max"。在工具栏中的"缩放工具"按钮上按住鼠标左键不放，如图2-15所示。

02 在弹出的下拉列表中，将鼠标移至"选择并非均匀缩放"按钮 图 上后再释放鼠标，完成工具的选择，如图2-16所示。

图2-15 打开缩放下拉列表　　　　图2-16 选择并非均匀缩放工具

03 在前视图中单击鼠标选中大的球体，同时将鼠标放置在Y坐标轴上，如图2-17所示。

04 保持鼠标在Y坐标轴上，按住鼠标同时向上拖动鼠标，将其缩放成如图2-18所示的形状。

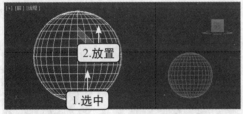
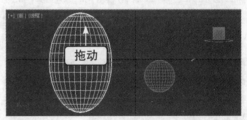

图2-17 选中对象　　　　　　图2-18 沿Y轴向上缩放

05 在前视图中单击小的球体将其选中，然后将鼠标放置在X坐标轴上，如图2-19所示。

06 保持鼠标在X坐标轴上，按住鼠标不放向右移动鼠标，将其缩放成如图2-20所示的形状后完成创建。

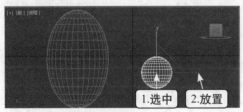
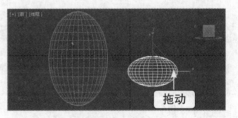

图2-19 选中对象　　　　　　图2-20 沿X轴向右缩放

Example 实例 018 选择并挤压对象

使用选择并挤压工具对对象进行缩放时，会在一个轴上按比例缩小，同时在另两个轴上均匀地按比例增大类似挤压的效果，这种操作常用于动画的挤压拉升和变形转变。

素材文件	素材\第2章\花瓶摆件\花瓶摆件.max
效果文件	效果\第2章\花瓶摆件\花瓶摆件.max
动画演示	动画\第2章\018.swf

下面将通过对一个罐状对象向上拉升挤压来创建一个花瓶摆件对象，其操作步骤如下。

01 打开光盘提供的素材文件"花瓶摆件.max"。在工具栏中的"缩放工具"按钮上按住鼠标不放，如图2-21所示。

02 在弹出的下拉列表中，将鼠标指针移至"选择并挤压"按钮上后释放鼠标，如图2-22所示，完成工具的选择。

图2-21　打开缩放下拉列表　　　　　　　图2-22　选择"选择并挤压"工具

03 在前视图中单击鼠标选中罐状对象，然后将鼠标放置在Y坐标轴上，如图2-23所示。

04 保持鼠标在Y坐标轴上，按住鼠标不放同时向上拖动鼠标，将罐状对象挤压缩放成如图2-24所示的形状，完成创建。

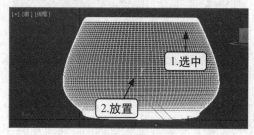
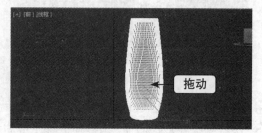

图2-23　选中对象　　　　　　　　　　　图2-24　缩放对象

Example 实例 019 复制克隆对象

为了更快捷地创建出相同的对象，并避免重复创建，通常会使用克隆的方式创建同一对象。复制克隆只会对原对象进行数量上的复制操作，在修改原对象参数时，不会影响到已克隆出的对象。

素材文件	素材\第2章\木制小方桌\木制小方桌.max
效果文件	效果\第2章\木制小方桌\木制小方桌.max
动画演示	动画\第2章\019.swf

下面通过一次复制克隆出3个对象，然后通过移动放置操作，创建木质小方桌模型，其操作步骤如下。

01 打开光盘提供的素材文件"木制小方桌.max"。在工具栏中单击"选择并移动"按钮，然后在顶视图中单击鼠标选中圆柱体，如图2-25所示。

02 在顶视图中将鼠标放置在Y坐标轴上，同时按住鼠标左键与【Shift】键，向下略微拖动鼠标，移至如图2-26所示的位置后释放鼠标。

图2-25 选中圆柱体

图2-26 按住【Shift】键拖动圆柱体

03 在打开的"克隆选项"对话框的"副本数"文本框中输入"3",然后单击 ▩确定▩ 按钮关闭对话框,如图2-27所示。

04 此时会自动选中克隆出来的对象最下方的对象,在顶视图中将鼠标放置在X轴与Y轴坐标中间的方格位置,如图2-28所示。

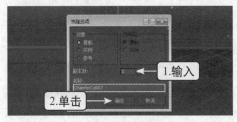

图2-27 入克隆数量

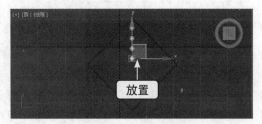

图2-28 放置移动坐标轴

05 保持鼠标在方格位置,按下鼠标并拖动,将克隆出的对象拖动放置在菱形对象最右边的边角位置,如图2-29所示。

07 在顶视图中用相同的方法将克隆出的另外2个对象放置在与菱形对应的3个顶点上,如图2-30所示,完成创建。

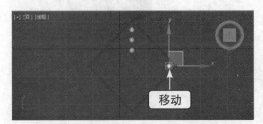

图2-29 移动放置对象

图2-30 移动放置对象

Example 实例 020 实例克隆对象

实例克隆对象与复制克隆对象略有不同,在一次性克隆出的对象中,实例克隆对象会因其中任何一个对象参数的改变,而影响所有克隆对象同步发生改变,这种克隆方式常用于需要对相同对象做统一修改时。

素材文件	素材\第2章\保温杯\保温杯.max
效果文件	效果\第2章\保温杯\保温杯.max
动画演示	动画\第2章\020.swf

下面通过一次实例克隆出3个对象,然后通过对一个对象的参数修改来完成所有克隆对象的统一修改,创建出保温杯模型,其操作步骤如下。

01 打开光盘提供的素材文件"保温杯.max"。在工具栏中单击"选择并移动"按钮✛，然后在前视图中单击鼠标选中下方的管状体，如图2-31所示。

02 在前视图中将鼠标放置在Y坐标轴上，再同时按住鼠标左键与【Shift】键并向上拖动鼠标，将对象拖动至完全不重合于下方的对象后释放鼠标，如图2-32所示。

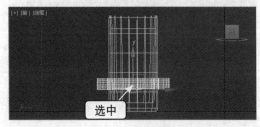

图2-31　选中对象　　　　　　　　　　图2-32　按住【Shift】键拖动对象

03 在打开的"克隆选项"对话框的"对象"栏中，单击鼠标选中"实例"单选项，在"副本数"文本框中输入"3"，然后单击 确定 按钮，如图2-33所示，关闭对话框。

04 此时会自动选中最上方的克隆对象，保持该状态，在右方的"命令面板"中单击"修改"选项卡◢，在下方的"参数"卷展栏的"半径1"文本框中输入"36"，如图2-34所示。即可将克隆出的所有对象进行统一修改，完成创建。

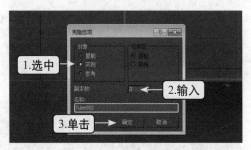

图2-33　设置克隆参数　　　　　　　　图2-34　修改半径

Example 实例 021 镜像对象

　　镜像对象是指沿指定的坐标轴对对象进行快速的翻转，镜像操作不仅可以在单个坐标轴上进行，还可以在二维平面中进行，如XY、YZ或者ZX坐标轴上。

素材文件	素材\第2章\瓷罐\瓷罐.max
效果文件	效果\第2章\瓷罐\瓷罐.max
动画演示	动画\第2章\021.swf

　　下面通过对原对象在Y轴上进行镜像操作翻转原对象创建出瓷罐模型，其操作步骤如下。

01 打开光盘提供的素材文件"瓷罐.max"。在前视图中单击鼠标选中对象，然后在工具栏中单击"镜像"按钮，如图2-35所示。

02 在打开的"镜像：世界 坐标"对话框的"镜像轴"栏中单击鼠标选中"Y"单选项，然后单击 确定 按钮，如图2-36所示，即可沿Y轴翻转对象，完成创建。

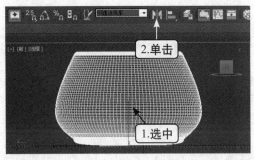

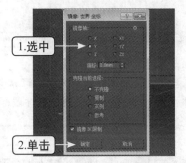

图2-35　选中镜像对象　　　　　　　　图2-36　沿Y轴镜像

Example 实例 022 镜像复制对象

　　镜像复制对象可将原对象以复制的方式进行镜像，使用复制镜像，原对象不会被改变，而复制出的对象会进行镜像翻转，这种镜像方式常用于创建出一半的模型后使用复制镜像来创建另一半的模型。

素材文件	素材\第2章\护耳套\护耳套.max
效果文件	效果\第2章\护耳套\护耳套.max
动画演示	动画\第2章\022.swf

　　下面通过复制镜像沿X轴复制出翻转对象，创建护耳套模型，其操作步骤如下。

01 打开光盘提供的素材文件"护耳套.max"。在前视图中单击鼠标选中对象，然后在工具栏中单击"镜像"按钮，如图2-37所示。

02 在打开的"镜像：屏幕 坐标"对话框的"克隆当前选择"栏中，单击鼠标选中"复制"单选项，然后单击 确定 按钮，如图2-38所示，关闭对话框。

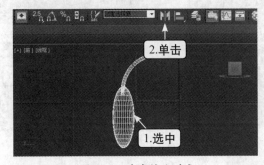

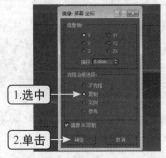

图2-37　选中镜像对象　　　　　　图2 38　沿X轴复制镜像

03 在工具栏中单击"选择并移动"按钮，在前视图中将鼠标放置在X坐标轴上，按下鼠标向右拖动到适合的位置，如图2-39所示，即可完成创建。

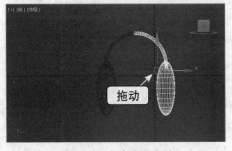

图2-39　移动放置位置

专家课堂

坐标轴移动对象

当不需要精确移动对象时，通常会使用坐标轴来移动，操作方法为：在工具栏中单击"选择并移动"按钮■，然后通过按住鼠标拖动视图中的X、Y、Z坐标轴来移动对象。

Example 实例 **023 镜像偏移对象**

镜像偏移对象可以将复制镜像或者实例镜像出的对象，在当前镜像轴中进行精确的移动操作，从而更好地处理克隆出的对象与原对象的位置关系。

素材文件	素材\第2章\玉镯\玉镯.max
效果文件	效果\第2章\玉镯\玉镯.max
动画演示	动画\第2章\023.swf

下面通过镜像偏移对象一次完成镜像与放置操作，创建出玉镯模型，其操作步骤如下。

01 打开光盘提供的素材文件"玉镯.max"。在顶视图中单击鼠标选中对象，然后在工具栏中单击"镜像"按钮■，如图2-40所示。

02 在打开的"镜像：屏幕 坐标"对话框的"偏移"文本框中输入"－2"，然后在"克隆当前选择"栏中选中"实例"单选项，最后单击■■按钮，如图2-41所示，即可完成创建。

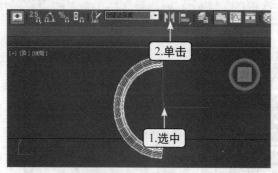

图2-40　选中对象

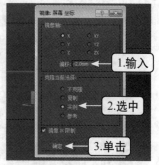

图2-41　镜像偏移对象

Example 实例 **024 对齐对象**

对齐对象可将2个对象同时或者单独的在X、Y、Z坐标轴上以最小点、最大点、中心点或者轴点进行对齐排列，通常用于对2个对象的对应位置进行精确放置。

素材文件	素材\第2章\艺术装饰品\艺术装饰品.max
效果文件	效果\第2章\艺术装饰品\艺术装饰品.max
动画演示	动画\第2章\024.swf

下面通过将2个对象在Y坐标轴上进行对齐，创建出艺术装饰品，其操作步骤如下。

01 打开光盘提供的素材文件"艺术装饰品.max"。在前视图中单击鼠标选中上方的对象,如图2-42所示。

02 在工具栏中单击"对齐"按钮 ▦,然后在前视图中单击下方的对象,如图2-43所示。

图2-42 选中对象   图2-43 单击对齐对象

03 此时在打开的"对齐当前选择"对话框的"对齐位置(屏幕)"栏中取消选中"X位置"复选框与"Z位置"复选框,如图2-44所示。

04 在对话框的"当前对象"栏中单击鼠标选中"最小"单选项,在"目标对象"栏中单击鼠标选中"最大"单选项,最后单击 确定 按钮,如图2-45所示,即可完成创建。

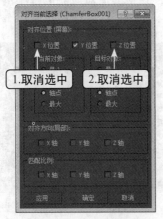
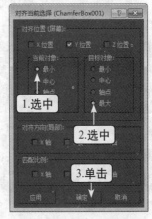

图2-44 设置对齐坐标轴   图2-45 选择对齐方式

Example 实例 025 一维增量阵列对象

一维增量阵列可以预设距离与数量,通过克隆的方式快速编辑出具有指定距离和数量的多个相同对象。

素材文件	素材\第2章\百叶窗隔断\百叶窗隔断.max
效果文件	效果\第2章\百叶窗隔断\百叶窗隔断.max
动画演示	动画\第2章\025.swf

下面通过使用一维增量阵列创建百叶窗隔断模型,其操作步骤如下。

01 打开光盘提供的素材文件"百叶窗隔断.max"。在前视图中单击鼠标选中矩形中间下方的矩形对象，如图2-46所示。

02 在菜单栏中单击"工具"菜单，在弹出的下拉菜单中选择"阵列"命令，如图2-47
所示。

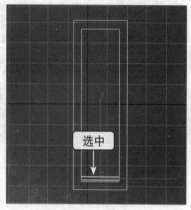

图2-46 选中对象

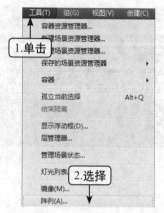

图2-47 选择"阵列"命令

03 在打开的"阵列变换：屏幕坐标"对话框的"增量"栏的"移动"数值框中将X轴增
量设置为"60"，如图2-48所示。

04 在对话框"阵列维度"栏中选中"1D"单选项，并将其后对应数值框中的数量设置为
"31"，最后单击 确定 按钮，如图2-49所示，关闭对话框即可完成创建。

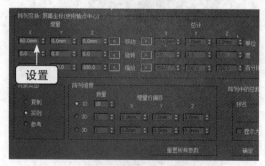

图2-48 设置间隔宽度

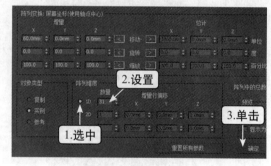

图2-49 设置阵列数量

Example 实例 026 一维总计阵列对象

一维总计阵列对象与一维增量阵列创建效果相同，不同之处在于一维总计阵列是通过
向阵列方向输入总长度再结合阵列的数量来完成阵列。在场景中有参照对象的时候，一维
总计阵列使用起来更为便捷、精确。

素材文件	素材\第2章\铁艺护栏\铁艺护栏.max
效果文件	效果\第2章\铁艺护栏\铁艺护栏.max
动画演示	动画\第2章\026.swf

下面通过对对象使用一维总计阵列来创建铁艺护栏模型，其操作步骤如下。

01 打开光盘提供的素材文件"铁艺护栏.max"。在左视图中单击鼠标选中下方的对象，如图2-50所示。

02 保持选中状态，在菜单栏中单击"工具"菜单，在弹出的下拉菜单中选择【阵列】命令，如图2-51所示。

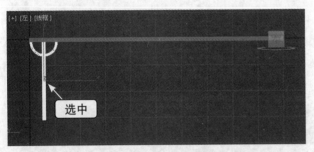

图2-50 选中对象

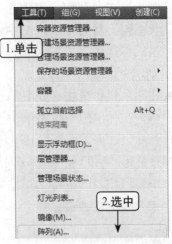

图2-51 选择"阵列"命令

03 在打开的"阵列变换：屏幕坐标"对话框中，单击"移动"栏右侧的 按钮，开启"总计"栏进入可编辑状态，如图2-52所示。

04 在对话框"总计"栏中将X轴总计设置为"1050"，再在"阵列维度"栏中选中"1D"单选项，并将其后对应数值框中的数量设置为"6"，最后单击 确定 按钮，如图2-53所示，关闭"阵列变换"对话框完成创建。

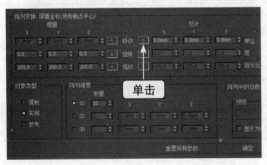

图2-52 开启总计栏

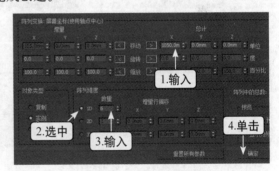

图2-53 设置阵列参数

Example 实例 027 一维旋转阵列对象

一维旋转阵与前面所讲到的阵列效果不同，它是以旋转的方式来对对象进行克隆，使用方法与之前介绍的移动阵列相似。

素材文件	素材\第2章\客厅吊灯\客厅吊灯.max
效果文件	效果\第2章\客厅吊灯\客厅吊灯.max
动画演示	动画\第2章\027.swf

下面通过使用一维旋转阵列旋转克隆创建客厅吊灯模型，其操作步骤如下。

01 打开光盘提供的素材文件
"客厅吊灯.max"。首先确
保工具栏中的"使用中心"
工具处于"使用轴点中心"
状态■，然后在前视图中单
击鼠标选中下方的对象，如
图2-54所示。

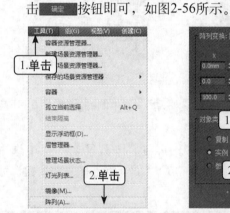

图2-54　选中对象

02 在菜单栏中单击"工具"菜
单，在弹出的下拉菜单中选择【阵列】命令，如图2-55所示。

03 打开"阵列变换：屏幕坐标"对话框，在"增量"栏的"旋转"文本框中将Y轴增量
设置为"140"，在"阵列维度"栏中选中"1D"单选项，并将数量设置为"5"，单
击 确定 按钮即可，如图2-56所示。

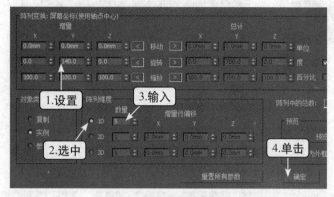

图2-55　选择"阵列"命令　　　　　图2-56　设置阵列参数

专家课堂

阵列预览

当需要预览阵列结果时，可在对话框中单击 预览 按钮，便可在视图中看到阵列结
果，预览结果会随参数的修改同步发生改变。

Example 实例 028 路径间隔分布对象

路径间隔分布对象是将对象通过样条线路径来均匀分布在路径上的常用的快速克隆创
建方法。

素材文件	素材\第2章\水晶项链\水晶项链.max
效果文件	效果\第2章\水晶项链\水晶项链.max
动画演示	动画\第2章\028.swf

下面通过为场景中样条线的路径使用间隔分布对象来分布球体对象，从而创建水晶项
链模型，其操作步骤如下。

01 打开光盘提供的素材文件"水晶项链.max"。在顶视图中单击鼠标选中球体对象，如
图2-57所示。

02　保持选中球体状态，在菜单栏中单击"工具"菜单，在弹出的下拉菜单中选择【对齐】/【间隔工具】命令，如图2-58所示。

图2-57　选中球体

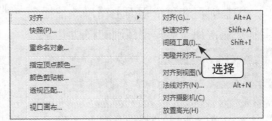

图2-58　选择间隔工具

03　打开"间隔工具"对话框，在"参数"栏的"计数"文本框中输入"45"，如图2-59所示。

04　在对话框中单击 拾取路径 按钮，然后在顶视图中单击样条线对象拾取路径，如图2-60所示。

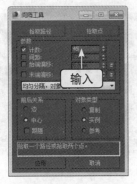

图2-59　输入分布数量

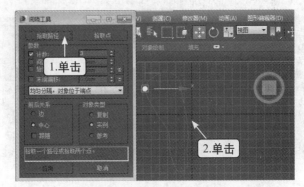

图2-60　拾取分布路径样条线

专家课堂

参考镜像

参考镜像类似于实例镜像，不同之处在于参考克隆出的对象只有在修改原对象参数时，克隆对象才能随之改变。实例镜像则任意修改一个对象，其余的对象都会相应改变。

05　在对话框中单击 应用 按钮，然后再单击 关闭 按钮，如图2-61所示，关闭对话框。

06　按【Delete】键将起始位置重复多余的球体删除，完成创建，如图2-62所示。

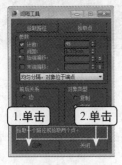

图2-61　关闭对话框

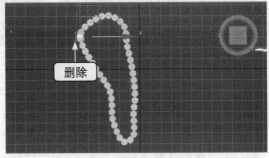

图2-62　删除多余球体

Example 实例 029 **2D捕捉对象**

　　2D捕捉可在单个平面上精确地捕捉到三维对象的顶点、中点、网格以及栅格等元素，2D捕捉通常用于对模型精确的移动组合。

素材文件	素材\第2章\书架\书架.max
效果文件	效果\第2章\书架\书架.max
动画演示	动画\第2章\029.swf

　　下面通过使用2D捕捉将场景中的对象捕捉移动组合到一起，创建出书架模型，其操作步骤如下。

01 打开光盘提供的素材文件"书架.max"。在工具栏中右击"捕捉开关"按钮 ，打开"栅格和捕捉设置"对话框，如图2-63所示。

02 在对话框的"捕捉"选项卡中选中"顶点"复选框与"中点"复选框，然后单击 按钮，如图2-64所示，关闭对话框。

图2-63　右击按钮

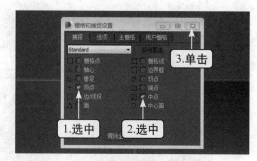

图2-64　选择捕捉元素

03 在工具栏的"捕捉开关"按钮 上按住鼠标左键不放，在弹出的下拉列表中向下移动鼠标至"2D捕捉"按钮 上后释放鼠标，如图2-65所示，便可选择"2D捕捉"工具。

04 在工具栏中单击"选择并移动"按钮 ，开启选择并移动工具，如图2-66所示。

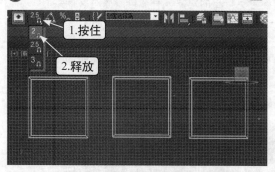

图2-65　打开2D捕捉

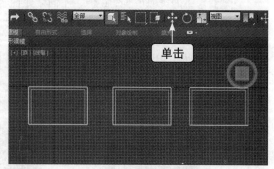

图2-66　开启选择并移动工具

05 在前视图中单击鼠标选中从左至右第2个正方体，将鼠标移动到正方体左侧中间的外侧边上捕捉到中点，如图2-67所示。

06 保持捕捉中点位置，按住鼠标并向第一个正方体右下角拖动，捕捉到顶点后释放鼠标，即将2个对象放置成为梯形，如图2-68所示。

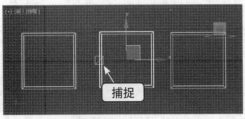

图2-67 捕捉中点

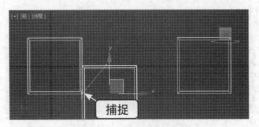

图2-68 拖动捕捉顶点

07 在前视图中捕捉到第3个正方体的左侧中间的外侧边的中点，如图2-69所示。

08 保持捕捉中点位置，按住鼠标向中间凹下去的长方体右上角拖动，捕捉到顶点后释放鼠标，即可组合完成书柜的创建，如图2-70所示。

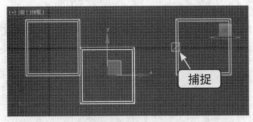

图2-69 捕捉中点

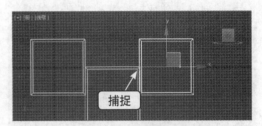

图2-70 拖动捕捉顶点

Example 实例 030 2.5D捕捉对象

2.5D捕捉对象是2D捕捉的升级操作，它在2D捕捉的基础上能捕捉到三维对象所有面的顶点、中点、网格等元素，而并不局限在单个平面上。2.5D捕捉也是除透视图以外的其余视图中运用最多的捕捉工具。

素材文件	素材\第2章\汽车车标\汽车车标.max
效果文件	效果\第2章\汽车车标\汽车车标.max
动画演示	动画\第2章\030.swf

下面通过2.5D捕捉创建汽车车标模型，其操作步骤如下。

01 打开光盘提供的素材文件"汽车车标.max"。在工具栏中右击"捕捉开关"按钮 ，打开"栅格和捕捉设置"对话框，如图2-71所示。

02 在对话框的"捕捉"选项卡中选中"顶点"复选框，然后单击 按钮，如图2-72所示，关闭对话框。

图2-71 右击按钮

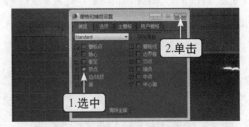

图2-72 选择捕捉元素

03 在工具栏"捕捉开关"按钮 上按住鼠标不放，在弹出的下拉列表中向下移动鼠标至"2.5D捕捉"按钮 上后释放鼠标，打开"2.5D捕捉"工具，如图2-73所示。

④ 在工具栏中单击"选择并移动"按钮 🔛，将其开启，如图2-74所示。

图2-73 打开2.5D捕捉

图2-74 开启选择并移动工具

⑤ 在前视图中选中菱形对象，移动鼠标至对象上方的顶点处，捕捉到顶点，如图2-75所示。

⑥ 保持捕捉到的顶点位置，按住鼠标并向下方的圆环内圈垂直向下拖动鼠标，同样在捕捉到顶点后释放鼠标，将对象捕捉组合放置在一起，完成创建，如图2-76所示。

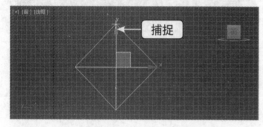

图2-75 捕捉顶点

图2-76 拖动捕捉顶点

Example 实例 031 3D捕捉对象

3D捕捉在2.5D捕捉的基础上可同时移动捕捉到另一个三维对象所有面的顶点、中点、网格等元素。由于3D捕捉能在所有视图中捕捉到对象的所有元素，所以在单面的视图中容易造成误操作，因此3D捕捉常用于在透视图中的捕捉操作，才能更直观地找到需要捕捉的位置。

素材文件	素材\第2章\插头模型\插头模型.max
效果文件	效果\第2章\插头模型\插头模型.max
动画演示	动画\第2章\031.swf

下面通过在透视图中使用3D捕捉来捕捉移动，创建出插头模型，其操作步骤如下。

① 打开光盘提供的素材文件"插头模型.max"。在工具栏中右击"捕捉开关"按钮 🔛，打开"栅格和捕捉设置"对话框，如图2-77所示。

② 在对话框的"捕捉"选项卡中选中"顶点"复选框与"中点"复选框，然后单击 ❌ 按钮，如图2-78所示，关闭对话框。

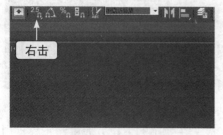

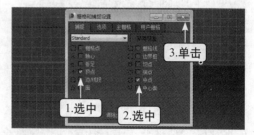

图2-77 右击按钮

图2-78 选择捕捉元素

03 在工具栏中"捕捉开关"按钮上按住鼠标不放，在弹出下拉列表中向下移动鼠标至按钮，然后释放鼠标即可打开"3D捕捉"工具，如图2-79所示。

04 在工具栏中单击"选择并移动"按钮将其开启，如图2-80所示。

图2-79 选择3D捕捉   图2-80 开启并选择移动工具

05 在透视图中右击鼠标切换到透视图操作，然后同时按住【Alt】键与鼠标左键，并向上拖动鼠标将视图旋转调整为如图2-81所示的位置。

06 移动鼠标捕捉到左侧插头左前侧中点，如图2-82所示。

图2-81 旋转调整视口   图2-82 捕捉中点

07 保持捕捉到中点的状态，按住鼠标左键不放并拖动鼠标向上移动，捕捉到上方插孔左前侧顶点后释放鼠标，如图2-83所示。

08 利用相同的方法，将右侧的插头捕捉放置在上方对应的插孔里，即可完成插头创建，如图2-84所示。

图2-83 捕捉移动   图2-84 捕捉移动

 专家课堂

使用缩放光标

"选择并挤压"工具不受"轴约束"工具栏的限制，但一般情况下缩放模型时，都会使用"选择并均匀缩放"和"选择并非均匀缩放"工具来操作，而使用这2项工具并不限于只能在工具栏中选择，也可通过缩放光标实现该操作，方法为：将鼠标放置在缩放光标中间三角区域便可均匀缩放，反之，未在三角区内进行缩放便是非均匀缩放。

Example 实例 032 **角度捕捉**

角度捕捉主要用于旋转操作，通过设置角度捕捉可精确地对模型的旋转角度进行控制。

素材文件	素材\第2章\可调节台灯\可调节台灯.max
效果文件	效果\第2章\可调节台灯\可调节台灯.max
动画演示	动画\第2章\032.swf

下面通过设置角度捕捉来对对象旋转90度，完成可调节台灯模型的创建，其操作步骤如下。

01 打开光盘提供的素材文件"可调节台灯.max"。在工具栏中右击"角度捕捉切换"按钮，打开"栅格和捕捉设置"对话框，如图2-85所示。

02 在对话框的"选项"选项卡的"角度"文本框中输入"90"，然后单击 ✕ 按钮，如图2-86所示，关闭对话框。

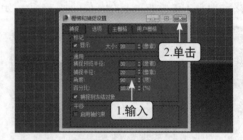

图2-85 右击按钮　　　　　　　　　　图2-86 角度设置

03 在工具栏中单击"角度捕捉切换"按钮将其开启，如图2-87所示。

04 在透视图中单击鼠标选中台灯的灯管，如图2-88所示。

图2-87 开启角度捕捉切换　　　　　　图2-88 选中对象

05 在工具栏中单击"选择并旋转"按钮，将其开启，然后右击左视图，切换到当前视图操作，并将鼠标放置在旋转光标右侧最外层的环形上，如图2-89所示。

06 保持鼠标放置位置，按住鼠标向上拖动一次，完成90度旋转，即可完成台灯的创建，如图2-90所示。

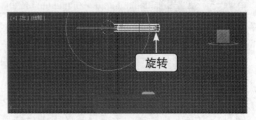

图2-89 放置旋转轴　　　　　　　　　图2-90 旋转对象

Example 实例 033 **对象成组**

当在创建复杂模型时，难免会使用多个对象进行拼接组合创建，为了能更好地管理这些对象，将其成组是最好的方法。

素材文件	素材\第2章\多层相框\多层相框.max
效果文件	效果\第2章\多层相框\\多层相框.max
动画演示	动画\第2章\033.swf

下面通过对场景中由多个对象创建出的模型进行成组操作，介绍对象成组的使用方法，其操作步骤如下。

01 打开光盘提供的素材文件"多层相框.max"。此时场景中有4个对象，在前视图中将鼠标移动到前视图视口左上角，按住鼠标左键不放，以矩形的方式拖动鼠标至右下方的对角后释放鼠标。这样可框选场景中的全部对象，如图2-91所示。

02 在菜单栏中选择【组】/【组】命令，如图2-92所示。

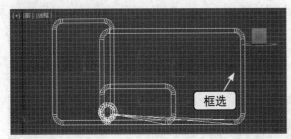

图2-91 框选对象

图2-92 选择成组命令

03 在打开的"组"对话框的"组名"文本框中输入"多层相框"，然后单击 确定 按钮，如图2-97所示，关闭对话框，完成组创建。

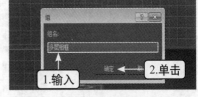

图2-93 输入组名

专家课堂

查找选择组对象

当需要查找选择组对象时，只需在场景中按【H】键打开"从场景中选择"对话框，就可按"组名"来查找选择。

Example 实例 034 **打开关闭组对象**

当需要对已成组的对象进行编辑时，需要将组对象打开，完成编辑后，再将其关闭，即可再次回到组对象模式。

素材文件	素材\第2章\西餐餐刀\西餐餐刀.max
效果文件	效果\第2章\\西餐餐刀\西餐餐刀.max
动画演示	动画\第2章\034.swf

下面将已成组的西餐餐刀模型打开，然后经过移动编辑后再将其关闭，完成完整的西餐餐刀模型，其操作步骤如下。

01 打开光盘提供的素材文件"西餐餐刀.max"，在顶视图中单击鼠标选中组对象，然后在菜单栏中选择【组】/【打开】命令，如图2-94所示。

02 在工具栏中单击"选择并移动"按钮 ，继续在顶视图中选中刀把，如图2-95所示。

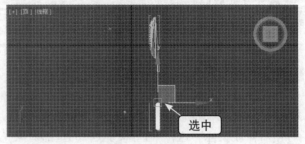

图2-94　打开组　　　　　　　　　　　　　图2-95　选中对象

03 利用移动工具，在顶视图中将刀把沿Y轴向上移动，将其与刀刃放置在对应的位置，如图2-96所示。

04 在菜单栏中选择【组】/【关闭】命令，如图2-97所示，将已修改好的组对象关闭，回到组对象模式，完成创建。

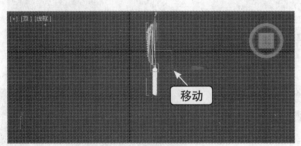

图2-96　移动对象　　　　　　　　　　　　图2-97　关闭组

专家课堂

对象解组

对象解组与打开组类似，但对象解组后不能通过关闭组再次成组，需重新成组，其操作方法为：选中组对象，在菜单栏中选择【组】/【解组】命令。

Example 实例 **035 附加组对象**

当在场景中需要将一个单独的对象添加到一个组对象中时，可以使用附加组对象。

素材文件	素材\第2章\落地台灯\落地台灯.max
效果文件	效果\第2章\\落地台灯\落地台灯.max
动画演示	动画\第2章\035.swf

下面将场景中单独的对象通过附加组，附加到一个组对象中，其操作步骤如下。

01 打开光盘提供的素材文件"落地台灯.max"，在前视图中单击鼠标选中最上方的灯罩对象，如图2-98所示。

02 在菜单栏中选择【组】/【附加】命令，如图2-99所示。

图2-98 选中对象

图2-99 附加组

03 在前视图中单击下方的灯座，此时便可将灯罩附加到灯座的组对象中，成为一个组对象，如图2-100所示。

图2-100 附加组对象

专家课堂

炸开组对象

炸开组对象能一次将组对象拆分到最原始的单个对象，其操作方法为：选中组对象，在工具栏中选项【组】/【炸开】命令。

Example 实例 036 分离组对象

分离组对象可在打开的组对象中分离出单个对象，以便随时在不解组的情况下有目的地除去组对象中不需要的部分。

素材文件	素材\第2章\饭厅吊灯\饭厅吊灯.max
效果文件	效果\第2章\\饭厅吊灯\饭厅吊灯.max
动画演示	动画\第2章\036.swf

下面通过对组对象进行分离并删除分离出的对象，创建饭厅吊灯模型，其操作步骤如下。

01 打开光盘提供的素材文件"饭厅吊灯.max"，在前视图中单击鼠标选中组对象，并在菜单栏中选择【组】/【打开】命令，如图2-101所示。

02 在前视图中单击鼠标选中锥形灯罩中最下方的灯罩，如图2-102所示。

图2-101 打开组

图2-102 选中对象

03 保持选中对象状态，继续在菜单栏中选择【组】/【分离】命令，如图2-103所示。

04 按【Delete】键将分离出的对象删除，如图2-104所示，最后关闭组即可完成创建。

图2-103 分离组

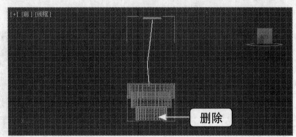
图2-104 删除对象

现学现用 **制作室内衣架**

　　本章重点介绍了3ds Max 2015的各种基本对象编辑操作，包括对象的移动、旋转、缩放、阵列、镜像、成组以及捕捉工具的使用等。下面将通过制作室内衣架，进一步巩固本章讲解的内容。本范例将重点练习使用移动、捕捉移动、旋转、克隆、阵列和成组命令对对象进行编辑，创建室内衣架模型，具体流程如图2-105所示。

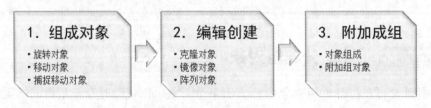
图2-105 操作流程示意图

素材文件	素材\第2章\室内衣架.max、室内衣架杆.max
效果文件	效果\第2章\室内衣架.max
动画演示	动画\第2章\2-1.swf、2-2.swf、2-3.swf

1. 组成对象

　　下面首先将场景中凌乱的对象通过移动、旋转、捕捉移动操作，组成基本的创建对象，其操作步骤如下。

01 打开光盘提供的素材文件"室内衣架.max"。为了能更好地观察对象，首先隐藏视口中的背景栅格，然后在工具栏中右击"角度捕捉切换"按钮，如图2-106所示，打开"栅格和捕捉设置"对话框。

02 在对话框"选项"选项卡的"角度"文本框中输入"90"，然后单击 按钮，如图2-107所示，关闭对话框。

图2-106　右击按钮

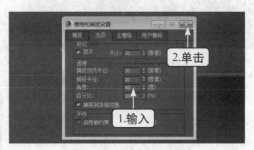

图2-107　设置捕捉角度

03 在工具栏中单击"角度捕捉切换"按钮，将其开启，然后在工具栏中单击"选择并旋转"按钮，再在前视图中单击鼠标选中右侧的对象，如图2-108所示。

04 保持对象选中状态，将鼠标放置在旋转光标十字中心横向坐标轴上，按住鼠标并向右拖动将对象旋转一次，如图2-109所示。

图2-108　选中对象

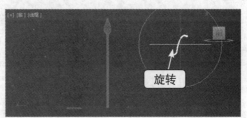

图2-109　旋转对象

05 在工具栏中单击"选择并移动"按钮，此时刚旋转的对象会切换出移动光标，将鼠标放置在X坐标轴上，按住鼠标并向左移动鼠标，将对象移动到如图2-110所示的位置后释放鼠标。

06 在顶视图中用相同的移动方法沿Y轴向下移动到如图2-111所示的位置。

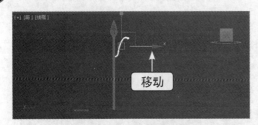

图2-110　沿X轴移动对象

图2-111　沿Y轴移动对象

07 在工具栏中右击"捕捉开关"按钮，在打开的"栅格和捕捉设置"对话框的"捕捉"选项卡中仅选中"顶点"复选框，然后单击 按钮，如图2-112所示，关闭对话框。

08 在工具栏中单击"捕捉开关"按钮，开启2.5D捕捉，在顶视图中选中左侧的圆柱体对象并捕捉到中心的顶点，如图2-113所示。

图2-112 设置捕捉元素

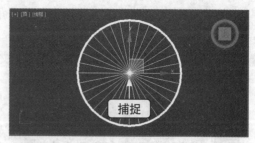

图2-113 捕捉顶点

09 保持捕捉顶点位置，按住鼠标并向右拖动，捕捉到中间的对象中心的顶点，将2个对象捕捉放置到一起，关闭捕捉开关，完成对象的组成，如图2-114所示。

图2-114 捕捉移动

2. 编辑创建

下面对已组成创建好的基本对象进行克隆，然后通过镜像、阵列操作进一步编辑对象，其操作步骤如下。

01 在前视图中选中衣架上右侧的挂衣杆，按住【Shift】键沿Y轴向下移动克隆对象到如图2-115所示的位置。

02 在打开的"克隆选项"对话框中选中"实例"单选项，然后单击 ▆确定 按钮，如图2-116所示，关闭对话框。

图2-115 移动克隆

图2-116 实例克隆对象

03 保持选中克隆出的对象，在工具栏中单击"镜像"按钮 ，在打开的"镜像：世界坐标"对话框的"克隆当前选择"栏中选中"实例"单选项，然后单击 ▆确定 按钮，如图2-117所示，关闭对话框。

04 在前视图中利用移动工具将实例镜像出的对象放置好位置，如图2-118所示。

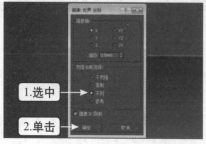

图2-117 实例镜像对象

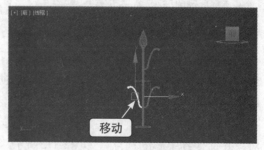

图2-118 放置镜像对象

05 在前视图中选中克隆衣架的源对象，在命令面板中单击"层次"选项卡，继续单击 仅影响轴 按钮，此时在对象上会出现轴坐标，在顶视图中利用移动工具沿X轴将轴移动到如图2-119所示的位置，再次单击 仅影响轴 按钮关闭轴。

06 在菜单栏中选择【工具】/【阵列】命令，打开"阵列变换：屏幕坐标"对话框，在"增量"栏的"旋转"数值框中将Z旋转设置为"120"，继续在"阵列维度"栏中选中"1D"单选项，并将其数量设置为"3"，最后单击 确定 按钮，如图2-120所示，关闭对话框，完成编辑创建。

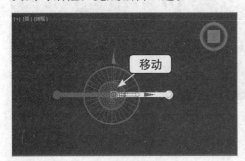
图2-119　移动轴

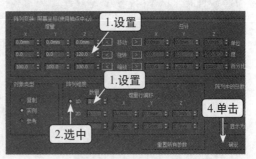
图2-120　设置阵列参数

3. 附加成组

将已基本创建完成的衣架模型成组并对组命名，然后通过导入合并入模型，并将合并的模型附加到组里，即可完成模型的整体创建，其操作步骤如下。

01 在前视图中框选所有对象，在菜单栏中选择【组】/【组】命令，在打开的"组"对话框的"组名"文本框中输入"室内衣架"，然后单击 确定 按钮，如图2-121所示，关闭对话框。

02 在操作界面中单击标题栏左侧的Logo按钮，在弹出的下拉菜单中选择【导入】/【合并】命令，将光盘提供的素材文件"室内衣架杆.max"合并到场景中，如图2-122所示。

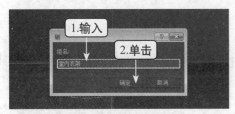
图2-121　设置组名

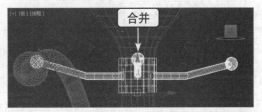
图2-122　合并对象

03 在前视图中利用移动工具将合并的对象沿Y轴向下移动到如图2-123所示的位置。

04 在菜单栏中选择【组】/【附加】命令，然后单击"室内衣架"组对象将其附加在一起，完成创建，如图2-124所示。

图2-123　移动合并入对象

图2-124　附加组

提高练习1 创建百叶窗

本练习主要通过在场景中使用移动、旋转、增量阵列、克隆以及成组编辑对象，从而创建出百叶窗模型，最终效果如图2-125所示。

素材文件	素材/第2章/百叶窗.max
效果文件	效果/第2章/百叶窗.max

图2-125　百叶窗效果图

练习提示：

（1）打开光盘提供的素材文件"百叶窗.max"。

（2）在前视图中将文件中的百叶放置到左侧的内窗框的最下方，然后在左视图中将百叶放置在中心位置。

（3）在左视图中利用"角度捕捉切换"工具配合旋转工具将百叶沿Y轴向上旋转45度。

（4）利用一维增量阵列沿Y轴将百叶向上阵列，将百叶布满整个内窗框为宜。

（5）框选阵列好的百叶与内窗框，以实例的方式克隆出一份。

（6）将克隆出的百叶窗在顶视图中放置在原对象后方紧贴，然后在前视图中放置到与原对象左右对应的位置。

（7）框选所有对象将其成组命名。

提高练习2 制作茶几

本练习主要通过在场景中使用克隆镜像、捕捉放置、缩放工具编辑对象，从而创建出茶几模型，最终效果如图2-126所示。

素材文件	素材/第2章/茶几.max
效果文件	效果/第2章/茶几.max

图2-126　茶几效果图

练习提示：

（1）打开光盘提供的素材文件"茶几.max"。

（2）在顶视图中选中左上角的茶几角，利用镜像工具沿X轴进行实例克隆镜像。

（3）利用2.5D捕捉工具在顶视图中将克隆出的对象通过中点捕捉移动到右侧与原对象保持左右对应的位置。

（4）在顶视图中框选长方形内的所有对象，再次利用镜像工具沿XY轴进行实例克隆镜像。

（5）利用2.5D捕捉工具将克隆镜像出的对象通过中点捕捉放置到长方体右下方与原对象保持对应的位置。

（6）在前视图中选中菱形图案，利用"选择并非均匀缩放"工具将其沿X轴向右缩放。

（7）利用"选择并均匀缩放"工具将其整体缩小，最后放置在茶几中间。

第3章
基本体建模与
复合建模

基本体建模与复合建模是3ds Max 2015中最常用的基础建模方式，基本体建模是通过对3ds Max 2015中自带的基本模型进行编辑操作后创建出模型，而复合建模是通过演变、变形、组合等方式将简单的基本体模型创建为各种复杂的模型。本章将对常用的基本体建模与复合对象建模进行详细的介绍。

Example 实例 037 长方体建模

长方体是3ds Max 2015中最常用的建模基本体，它是带有长度、宽度、高度的三维体对象，许多复杂的模型都是通过长方体作为基本体创建的。

素材文件	无
效果文件	效果\第3章\床头柜\床头柜.max
动画演示	动画\第3章\037.swf

下面通过创建多个长方体组合成床头柜模型，介绍长方体的创建方法，其操作步骤如下。

01 新建场景。为了能更好地观察模型，在界面的4个视口中分别按【G】键关闭背景栅格，如图3-1所示。

02 在命令面板中单击"创建"选项卡 ，然后单击"几何体"按钮 ，并在其下的下拉列表框中选择"标准基本体"选项，最后单击 长方体 按钮，如图3-2所示。

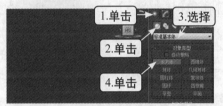

图3-1　关闭背景栅格　　　　　　　　　图3-2　单击长方体

03 在前视图中按住鼠标不放以矩形的方式拖动鼠标，创建长方体的长度与宽度，释放鼠标并向上移动鼠标创建长方体的高度，再次单击鼠标完成创建，如图3-3所示。

04 在命令面板中单击"修改"选项卡 ，在下方的"参数"卷展栏中将长、宽、高分别设置为"300"、"500"、"500"，如图3-4所示。

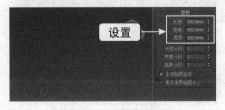

图3-3　创建长方体　　　　　　　　　图3-4　设置参数

05 在左视图中创建长方体，将长、宽、高分别设置为"120"、"500"、"20"，如图3-5所示。

06 利用"选择并移动"工具在顶视图与左视图中将长方体放置在对应的位置，如图3-6所示。

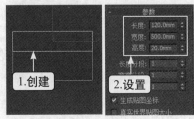

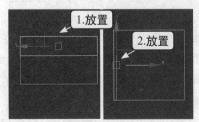

图3-5　创建长方体　　　　　　　　　图3-6　放置位置

07 在左视图中选中如图3-7所示的长方体，同时按住鼠标左键与【Shift】键，沿Y轴向下拖动鼠标到适当的位置克隆长方体，如图3-7所示。

08 打开"克隆选项"对话框，在"对象"栏中选中"实例"单选项，然后单击 **确定** 按钮，如图3-8所示，关闭对话框。

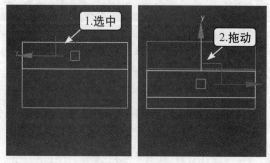

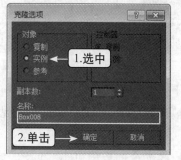

图3-7　克隆长方体　　　　　　　　　　　图3-8　选择克隆方式

09 在顶视图中创建长方体，将长、宽、高分别设置为"30"、"30"、"50"，如图3-9所示。

10 将长方体以实例的方式克隆出3个，并在顶视图与前视图中将其放置在如图3-10所示的位置，即可完成床头柜的创建。

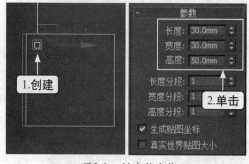

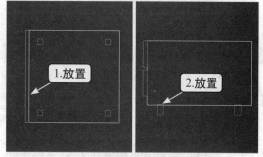

图3-9　创建长方体　　　　　　　　　　　图3-10　放置位置

Example 实例 **038 球体建模**

　　球体的应用非常广泛，它是3ds Max 2015中唯一的圆球形三维基本体，可以通过设置半径参数控制球体大小，也可以通过半球的形态来创建。

素材文件	素材\第3章\床头台灯\床头台灯.max
效果文件	效果\第3章\床头台灯\床头台灯.max
动画演示	动画\第3章\038.swf

　　下面通过使用半球体创建床头台灯，介绍球体的使用方法，其操作步骤如下。

01 打开光盘提供的素材文件"床头台灯.max"，在命令面板中单击"创建"选项卡 ，然后单击"几何体"按钮 ，在其下的下拉列表中选择"标准基本体"选项，最后单击 **球体** 按钮，如图3-11所示。

02 在顶视图中拖动鼠标创建球体，释放鼠标完成创建，如图3-12所示。

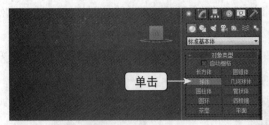

图3-11 单击球体按钮 　　　　　 图3-12 创建球体

03 在命令面板中单击"修改"选项卡 ，在下方的"参数"卷展栏中将"半径"设置为
"30"，"分段"设置为32，"半球"设置为"0.6"，如图3-13所示。

04 在顶视图与前视图中将半球放置在如图3-14所示的位置，即可完成床头台灯的创建。

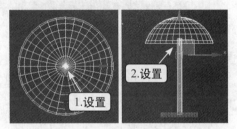

图3-13 设置参数 　　　　　 图3-14 放置位置

Example 实例 039 圆柱体建模

圆柱体是圆形并且带有高度的柱形基本体，它是创建多种模型基本体的基础，还可以
结合其他基本体对象组合创建出模型。

素材文件	无
效果文件	效果\第3章\简约餐桌\简约餐桌.max
动画演示	动画\第3章\039.swf

下面通过多个圆柱体结合长方体创建简约餐桌模型，介绍圆柱体的创建方法，其操作
步骤如下。

01 新建场景。在顶视图中创建出长方体，将长、宽、高分别设置为"600"、"800"、
"50"，如图3-15所示。

02 在命令面板中单击"创建"选项卡 ，然后单击"几何体"按钮 ，在其下拉列表框
中选择"标准基本体"选项，最后单击 圆柱体 按钮，如图3-16所示。

图3-15 创建长方体 　　　　　 图3-16 单击圆柱体按钮

03 在顶视图长方体左上角处拖动鼠标创建圆柱体半径，释放鼠标创建圆柱体高度，再次单击鼠标完成创建，如图3-17所示。

04 在命令面板中单击"修改"选项卡 ，在下方的"参数"卷展栏中将"半径"设置为"25"，"高度"设置为"400"，如图3-18所示。

图3-17 创建圆柱体

图3-18 设置参数

05 保持圆柱体的选中状态，在顶视图中同时按住【Shift】键与鼠标左键，并沿X轴向右拖动鼠标，将对象拖动至长方体右侧角对应的位置进行克隆，如图3-19所示。

06 在打开的"克隆选项"对话框中选中"实例"单选项，然后单击 确定 按钮，如图3-20所示，关闭对话框。

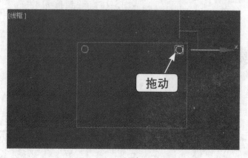

图3-19 克隆圆柱体

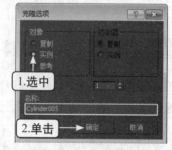

图3-20 选择克隆方式

07 在顶视图中按住【Ctrl】键分别单击2个圆柱体将其加选，然后同时按住【Shift】键与鼠标左键，并沿Y轴向下拖动鼠标至长方体下方的2个边角处进行再次克隆，如图3-21所示。

08 在打开的"克隆选项"对话框中选中"实例"单选项，然后单击 确定 按钮关闭对话框，最后在前视图中将4个圆柱体放置在长方体下方紧贴其表面，如图3-22所示，即可完成创建。

图3-21 克隆圆柱体

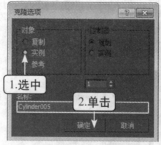

图3-22 放置位置

Example 实例 040 圆环建模

圆环是由2个半径构建而成的圈形基本体，因为它的形状类似于圆圈，所以它能广泛适用于环形模型物体的创建。

素材文件	无
效果文件	效果\第3章\玻璃茶几\玻璃茶几.max
动画演示	动画\第3章\040.swf

下面通过多个圆环结合圆柱体创建一个玻璃茶几模式，介绍圆环的创建与运用方法，其操作步骤如下。

01 新建场景。在顶视图中创建圆柱体，将"半径"设置为"200"、"高度"设置为"10"、"边数"设置为"32"，如图3-23所示。

02 在命令面板中单击"创建"选项卡■，然后单击"几何体"按钮■，在其下拉列表框中选择"标准基本体"选项，最后单击 圆环 按钮，如图3-24所示。

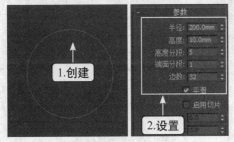

图3-23　创建圆柱体　　　　　　　　　　图3-24　单击圆环按钮

03 在前视图中拖动鼠标创建圆环的半径1，释放鼠标后向外移动鼠标创建圆环的半径2，最后单击鼠标即可完成圆环的创建，如图3-25所示。

04 在命令面板中单击"修改"选项卡■，在下方的"参数"卷展栏中将"半径1"设置为"120"、"半径2"设置为"7"，如图3-26所示。

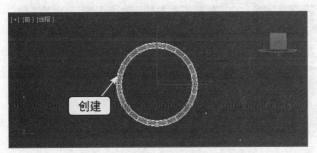

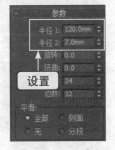

图3-25　创建圆环　　　　　　　　　　　图3-26　设置参数

05 在工具栏中右击"角度捕捉切换"按钮■，在打开的"栅格和捕捉设置"对话框的"角度"数值框中输入"45"，然后单击■按钮，如图3-27所示，关闭对话框，并单击"角度捕捉切换"按钮■，将其开启。

06 在工具栏中单击"选择并旋转"按钮■，开启旋转工具，在左视图中选中已创建好的圆环，然后通过旋转光标将圆环向右旋转一次，如图3-28所示。

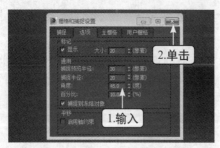

图3-27 设置旋转角度

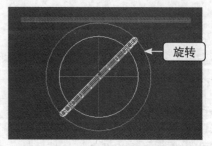

图3-28 旋转圆环

07 保持选中圆环状态，在工具栏中单击"镜像"按钮，打开"镜像：屏幕 坐标"对话框，并在"镜像轴"栏中选中"Y"单选项；在"克隆当前选择"栏中选中"实例"单选项，然后单击 确定 按钮，如图3-29所示，关闭对话框。

08 在工具栏中单击"选择并均匀缩放"按钮，在左视图中同时将克隆圆环与原对象沿Y轴向上缩放，将对象缩放成如图3-30所示的形状。

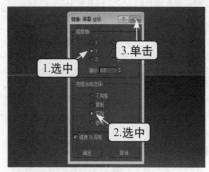

图3-29 镜像设置

图3-30 缩放对象

09 在顶视图中创建圆柱体，将"半径"设置为"120"、"高度"设置为"10"，如图3-31所示。

10 将创建出的圆柱体在顶视图与前视图中分别放置到对应的位置即可，如图3-32所示。

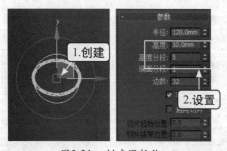

图3-31 创建圆柱体

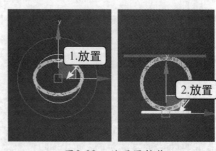

图3-32 放置圆柱体

Example 实例 041 管状体建模

与圆环相同，管状体也拥有2个半径，同时管状体还拥有高度参数，是创建带有高度的管状对象的最佳基本体。

素材文件	素材\第3章\灯管\灯管.max
效果文件	效果\第3章\灯管\灯管.max
动画演示	动画\第3章\041.swf

下面通过使用管状体创建灯管模型，介绍管状体的基本创建与应用方法，其操作步骤如下。

01 打开光盘提供的素材文件"灯管.max"。在命令面板中单击"创建"选项卡 ，然后单击"几何体"按钮 ，在其下拉列表框中选择"标准基本体"选项，最后单击 管状体 按钮，如图3-33所示。

02 在左视图中拖动鼠标创建管状体的内半径，释放鼠标向外移动鼠标创建外半径，然后单击鼠标，向上移动鼠标可创建高度，再次单击鼠标即可完成管状体的创建，如图3-34所示。

图3-33　单击管状体按钮

图3-34　创建管状体

03 在命令面板中单击"修改"选项卡 ，在"参数"卷展栏中将"半径1"设置为"15"、"半径2"设置为"16"、"高度"设置为"800"，如图3-35所示。

04 在左视图与顶视图中利用移动工具分别将管状体与场景中原对象放置在如图3-36所示的位置。

图3-35　设置参数

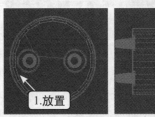

图3-36　放置位置

05 在顶视图中选中场景中的原对象，然后在工具栏中单击"镜像"按钮 ，打开"镜像：世界 坐标"对话框，在"镜像轴"栏中选中"X"单选项，在"克隆当前选择"栏中选中"实例"单选项，最后单击 确定 按钮，如图3-37所示。

06 在顶视图中将克隆出的对象放置在管状体最右侧与原对象对应的位置，如图3-38所示，即可完成创建。

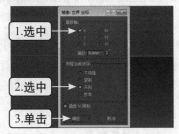

图3-37　设置镜像参数

图3-38　放置位置

Example 实例 042 切角长方体建模

在现实生活中所见的长方形物体的边角处会带有一定的切角或圆角，极少会完全呈现棱角形状，在3ds Max 2015中可以使用切角长方体创建出与现实生活中相同的真实长方形对象。

素材文件	无
效果文件	效果\第3章\双人沙发\双人沙发.max
动画演示	动画\第3章\042.swf

下面通过使用切角长方体创建双人沙发模型，介绍切角长方体的操作与应用方法，其操作步骤如下。

01 新建场景。在命令面板中单击"创建"选项卡，然后单击"几何体"按钮，在其下拉列表框中选择"扩展基本体"选项，最后单击 切角长方体 按钮，如图3-39所示。

02 在顶视图中以矩形的方式拖动鼠标创建切角长方体的长和宽，释放鼠标向上移动鼠标创建长方体的高度，然后单击鼠标，并向内移动鼠标创建圆角，再次单击鼠标即可结束创建，如图3-40所示。

图3-39 单击切角长方体

图3-40 创建切角长方体

03 在命令面板单击"修改"选项卡，在"参数"卷展栏中将长、宽、高分别设置为"600"、"1200"、"150"，"圆角"设置为"20"，如图3-41所示。

04 在前视图中选中长方体，以"复制"的方式并沿Y轴向上克隆出另外一个长方体，并将克隆出的长方体高度参数修改为"100"，其余参数不变，如图3-42所示。

图3-41 设置参数

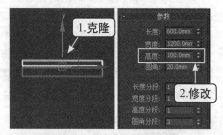
图3-42 修改克隆长方体参数

05 进入顶视图，在已创建好的切角长方体对象右边继续创建切角长方体，将长、宽、高分别设置为"600"、"100"、"400"，"圆角"设置为"20"，并放置到如图3-43所示的位置。

06 选中上一步创建好的切角长方体，以"实例"方式沿X轴向左克隆出一个切角长方体，并放置在如图3-44所示的位置。

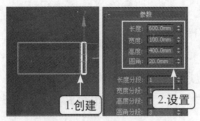

图3-43 创建切角长方体

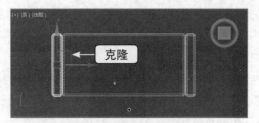

图3-44 克隆并放置位置

07 在前视图中再次创建切角长方体，将长、宽、高分别设置为"500"、"1400"、"100"，"圆角"设置为"20"，如图3-45所示。

08 将创建出的所有切角长方体对象分别放置到合适的位置，完成建立，效果如图3-46所示。

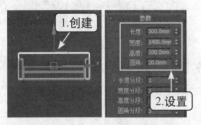

图3-45 创建切角长方体

图3-46 放置位置

Example 实例 043 切角圆柱体建模

与切角长方体相同，切角圆柱体可以在圆柱体的基础上创建出带有切角或圆形封口边的圆柱体对象。

素材文件	无
效果文件	效果\第3章\凳子\凳子.max
动画演示	动画\第3章\043.swf

下面通过使用切角圆柱体创建凳子模型，介绍切角圆柱体的操作与应用方法，其操作步骤如下。

01 新建场景。在命令面板中单击"创建"选项卡，然后单击"几何体"按钮，在其下拉列表框中选择"扩展基本体"选项，最后单击 切角圆柱体 按钮，如图3-47所示。

02 在顶视图中拖动鼠标创建切角圆柱体的半径，释放鼠标并向上移动鼠标创建切角圆柱体的高度，然后单击鼠标并向内移动鼠标创建切角圆柱体的圆角，再次单击鼠标即可创建出切角圆柱体，如图3-48所示。

图3-47 单击切角圆柱体

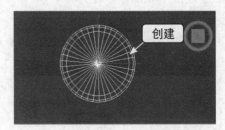

图3-48 创建切角圆柱体

03 在创建面板中单击"修改"选项卡 ![icon]，在"参数"卷展栏中将"半径"设置为"100"、"高度"设置为"50"、"圆角"设置为"15"、"边数"设置为"32"，如图3-49所示。

04 在顶视图中切角圆柱体左侧靠近边缘位置创建切角圆柱体，并将"半径"设置为"8"、"高度"设置为"180"、"圆角"设置为"8"、"边数"设置为"32"，如图3-50所示。

图3-49　设置参数

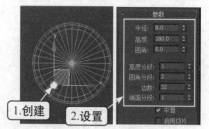
图3-50　创建切角圆柱体

05 选中上一步创建的切角圆柱体，并以"实例"的方式克隆出3个对象，如图3-51所示。

06 在顶视图与前视图中将克隆出的对象和原对象与首次创建的切角圆柱体放置在如图3-52所示的位置，即可完成创建。

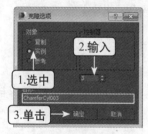
图3-51　克隆对象

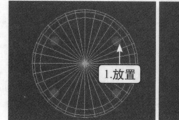
图3-52　放置位置

Example 实例 **044** 异面体建模

异面体是由多个系列的多面体生成的基本体对象，使用该几何体可以创建出各种结构的多面模型。

素材文件	无
效果文件	效果\第3章\水晶灯\水晶灯.max
动画演示	动画\第3章\044.swf

下面通过使用异面体创建水晶，并结合其他的基本体组合成为水晶灯模型，其操作步骤如下。

01 打开光盘提供的素材文件"水晶灯.max"。在顶视图中创建一个切角圆柱体，将"半径"设置为"80"、"高度"设置为"5"、"圆角"设置为"1"、"圆角分段"设置为"3"、"边数"设置为"32"，如图3-53所示。

02 在顶视图中创建圆柱体，并将"半径"设置为"5"、"高度"设置为"100"，如图3-54所示。

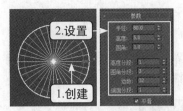

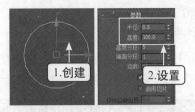

图3-53　创建切角圆柱体　　　　　　　　　　图3-54　创建圆柱体

03 在顶视图中以"复制"的方式将创建出的圆柱体克隆一份，并将"高度"修改为"50"，其余参数不变，如图3-55所示。

04 在顶视图中高度为"100"的圆柱体上方创建球体，并将半径设置为"2"，如图3-56所示。

图3-55　克隆圆柱体　　　　　　　　　　　图3-56　创建球体

05 在前视图中将已创建好的球体以"实例"的方式沿圆柱体向下克隆出15个，并确保克隆出的球体不重合，同时，每个球体之间保留一定的间隔距离，如图3-57所示。

06 在命令面板中单击"创建"选项卡 ，然后单击"几何体"按钮 ，在其下拉列表框中选择"扩展基本体"选项，最后单击 异面体 按钮，如图3-58所示。

图3-57　克隆球体　　　　　　　　　　图3-58　单击异面体按钮

07 在顶视图中高度为"100"的圆柱体上方拖动鼠标创建异面体，然后在修改面板的"参数"卷展栏的"系列"栏中，选中"十二面体/二十四面体"单选项，并在面板中将"半径"设置为"4"，如图3-59所示。

08 在前视图中将异面体放置在圆柱体最下方，与圆柱体和分布在圆柱体上方的所有球体加选成组，并命名为"吊坠1"，如图3-60所示。

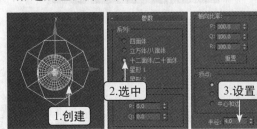
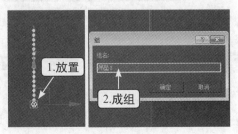

图3-59　创建异面体　　　　　　　　　　图3-60　成组

09 用相同的方法为高度为"50"的圆柱体进行相同的操作,并成组命名为"吊坠2",如图3-61所示。

10 在顶视图中选中"吊坠1",然后在菜单栏中单击"工具"菜单,在弹出的下拉菜单中选择【对齐】/【间隔工具】命令,如图3-62所示。

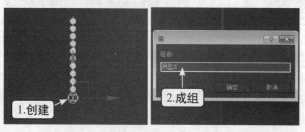

图3-61　创建成组　　　　　　　图3-62　选择间隔对齐

11 打开"间隔工具"对话框,在"参数"栏的"计数"数值框中输入"30",然后单击 拾取路径 按钮,如图3-63所示。

12 在顶视图中单击原场景对象的外圆圈,然后将吊坠1分布到路径上,如图3-64所示。

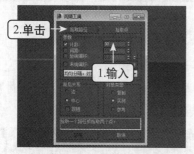

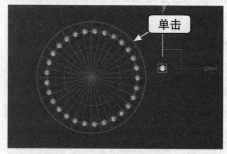

图3-63　单击拾取路径按钮　　　　图3-64　拾取路径

13 用相同的方法将吊坠2间隔分布在场景原对象内圆圈上,如图3-65所示。

14 在前视图中将吊坠1与吊坠2同时放置在切角圆柱体下方,并紧贴表面完成创建,如图3-66所示。

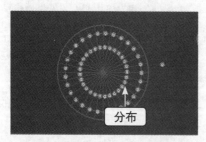

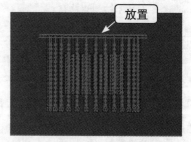

图3-65　按路径分布　　　　　　　图3-66　放置位置

Example 实例 045 复合对象布尔

复合对象布尔也叫作"布尔运算",是通过2个或者2个以上对象进行差集、并集、交集运算,从而得到新的模型形态,简单地说,就是将重合的对象通过指定命令,进行减去、合并、相交来创建对象。

素材文件	无
效果文件	效果\第3章\水杯\水杯.max
动画演示	动画\第3章\045.swf

下面通过复合对象布尔创建水杯模型，介绍布尔的运用方法，其操作步骤如下。

01 新建场景。在命令面板中单击"创建"选项卡■，然后单击"几何体"按钮◎，在其下拉列表框中选择"标准基本体"选项，最后单击 圆锥体 按钮，如图3-67所示。

02 在顶视图中拖动鼠标创建圆锥体的半径1，释放鼠标并向上移动鼠标创建圆锥体的高度，然后单击鼠标并向外移动鼠标创建圆锥体的半径2，再次单击鼠标即可完成创建，如图3-68所示。

图3-67 单击圆锥体按钮

图3-68 创建圆锥体

03 在修改面板"参数"卷展栏中将"半径1"设置为"25"、"半径2"设置为"40"、"高度"设置为"80"、"边数"设置为"64"，如图3-69所示。

04 在前视图中以"复制"的方式沿Y轴向上克隆出另一个圆锥体，并将其放置到与原对象部分重合的位置，如图3-70所示。

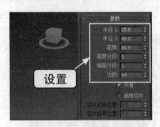
图3-69 设置圆锥体参数

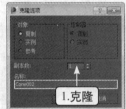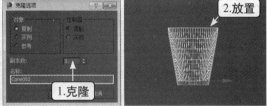
图3-70 克隆放置对象

05 在透视图中选中原对象，在命令面板中单击"创建"选项卡■，然后单击"几何体"按钮◎，在其下拉列表框中选择"复合对象"选项，最后单击 布尔 按钮，如图3-71所示。

06 在修改面板"拾取布尔"卷展栏的"操作"栏中选中"差集（A-B）"，然后单击 拾取操作对象B 按钮，并在透视图中单击克隆对象，即可剪切掉克隆对象完成创建，如图3-72所示。

专家课堂

布尔的并集操作

布尔的并集与差集创建效果恰恰相反，它是通过2个对象的合并来创建。其操作方法为：选中任意对象，单击 布尔 按钮后，在修改面板"操作"卷展栏中选中"并集"单选项，然后再单击 拾取操作对象B 按钮，最后单击需要并集的对象即可。

图3-71 单击布尔按钮

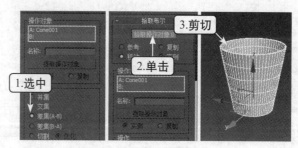
图3-72 剪切克隆对象

Example 实例 **046** 复合对象ProBoolean

复合对象ProBoolean，也称为超级布尔，它的作用与布尔相同，不同之处在于它能在一次布尔运算中拾取多个操作对象，而普通的布尔只能拾取一个。

素材文件	无
效果文件	效果\第3章\烟灰缸\烟灰缸.max
动画演示	动画\第3章\046.swf

下面通过使用ProBoolean创建烟灰缸模型，介绍ProBoolean的运用方法，其操作步骤如下。

01 新建场景。在顶视图中创建一个切角长方体，将长、宽、高分别设置为"200"、"200"、"60"，"圆角"设置为"5"，如图3-73所示。

02 在顶视图中的切角长方体中心位置创建切角圆柱体，将其"半径"设置为"70"、"高度"设置为"50"、"圆角"设置为"5"、"边数"设置为"32"，如图3-74所示。

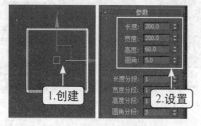
图3-73 创建切角长方体

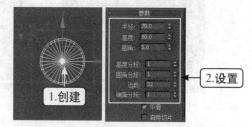
图3-74 创建切角圆柱体

03 在前视图中创建圆柱体，将"半径"设置为"10"、"高度"设置为"300"，如图3-75所示。

04 在顶视图中选中创建好的圆柱体，并以"复制"的方式沿X轴向右克隆出一份，然后利用"选择并旋转"工具将其向右旋转90度，如图3-76所示。

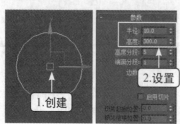
图3-75 创建圆柱体

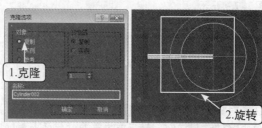
图3-76 克隆、旋转圆柱体

05 在顶视图与前视图中，利用移动工具将场景中的对象放置在相应的位置，如图3-77所示。

06 在透视图中选中切角长方体，在命令面板中单击"创建"选项卡███，然后单击"几何体"按钮███，在其下拉列表框中选择"复合对象"选项，最后单击 ProBoolean 按钮，如图3-78所示。

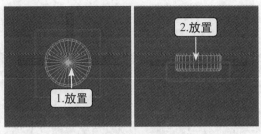

图3-77 放置对象位置   图3-78 单击ProBoolean按钮

07 在修改面板的"参数"卷展栏中保留选中的"差集"单选项，然后在"拾取布尔对象"卷展栏中单击 开始拾取 按钮，如图3-79所示。

08 在透视图中依次单击除切角长方体以外的对象，将其剪切后即可完成创建，如图3-80所示。

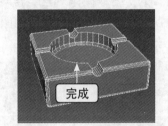

图3-79 单击开始拾取按钮   图3-80 完成创建对象

 专家课堂

ProBoolean盖印

ProBoolean盖印能在去除对象的同时将对象重合部分的图形映射到保留对象中，其效果类似于"图形合并"。具体操作方法为：单击 ProBoolean 后，在修改面板的"参数"卷展栏的"运算"栏中，选中"差集"单选项与"盖印"复选框，然后再单击 开始拾取 按钮，最后单击去除对象即可。

Example **实例** 047 **复合对象图形合并**

复合对象图形合并可将图形对象映射到几何体对象中合并为一个模型，然后通过进一步的编辑完成模型创建。

素材文件	素材\第3章\镂空戒指\镂空戒指.max
效果文件	效果\第3章\镂空戒指\镂空戒指.max
动画演示	动画\第3章\047.swf

下面通过复合对象图形合并创建镂空戒指模型，其操作步骤如下。

01 打开光盘提供的素材文件"镂空戒指.max"。在顶视图中创建管状体,将"半径1"设置为"30"、"半径2"设置为"31"、"高度"设置为"10"、"高度分段"设置为"5"、"边数"设置为"64",如图3-81所示。

02 在前视图中将场景原对象放置在管状体居中位置,如图3-82所示。

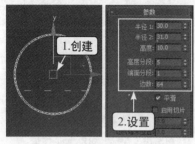
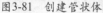

图3-81　创建管状体

图3-82　放置位置

03 在前视图中选中管状体,在命令面板中单击"创建"选项卡 ,然后单击"几何体"按钮 ,在其下拉列表框中选择"复合对象"选项,最后单击 图形合并 按钮,如图3-83所示。

04 在修改面板的"拾取操作对象"卷展栏中单击 拾取图形 按钮,在下方的"操作"栏中选中"饼切"单选项,最后在前视图中单击场景中的原图形对象,即可完成创建,如图3-84所示。

图3-83　单击图形合并按钮

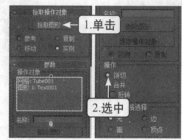

图3-84　图形合并

Example 实例 048 复合对象放样

复合对象放样是通过2个图形对象,使图形对象沿路径对象或使路径对象沿图形对象的方式进行创建。

素材文件	素材\第3章\画框\画框.max
效果文件	效果\第3章\画框\画框.max
动画演示	动画\第3章\048.swf

下面通过复合对象放样创建画框模型,其操作步骤如下。

01 打开光盘提供的素材文件"画框.max"。在前视图中选中矩形图形,在命令面板中单击"创建"选项卡 ,然后单击"几何体"按钮 ,在其下拉列表框中选择"复合对象"选项,最后单击 放样 按钮,如图3-85所示。

02 在修改面板的"创建方法"卷展栏中单击 获取图形 按钮,然后在顶视图中单击图形对象，即可将图形沿矩形的边进行放样，如图3-86所示。

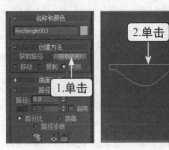

图3-85　单击放样按钮　　　　　图3-86　拾取图形

Example 实例 049 复合对象多截面放样

复合对象多截面放样与放样操作方法相同，不同之外在于它可使用1个以上的图形对象通过路径对象进行放样创建。

素材文件	素材\第3章\小餐桌\小餐桌.max
效果文件	效果\第3章\小餐桌\小餐桌.max
动画演示	动画\第3章\049.swf

下面通过2个图形对象放样创建小餐桌模型，其操作步骤如下。

01 打开光盘提供的素材文件"小餐桌.max"。在前视图中选中竖着的直线作为放样的路径。

02 在命令面板中单击 放样 按钮，然后在修改面板的"创建方法"卷展栏中单击 获取图形 按钮，最后单击顶视图中的内圈的圆形，如图3-87所示。

03 在修改面板的"路径参数"卷展栏的"路径"数值框中输入"90"，然后再次单击 获取图形 按钮，最后单击顶视图中外圈的波浪圆形作为二次放样图形，即可完成创建，如图3-88所示。

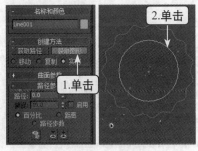
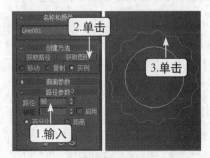

图3-87　放样　　　　　　　图3-88　二次放样

现学现用 现代书桌建模

本章重点介绍了3ds Max 2015的各种基本体建模与复合对象建模，其中包括长方体建模、球体建模、管状体建模、切角圆柱体建模以及复合对象布尔、图形合并、放样的创建使用等。下面将通过制作现代书桌模型，进一步巩固本章讲解的内容。本范例将重点练习创建长方体、切角长方体、切角圆柱体、圆锥体与复合对象布尔、放样的使用，具体流程如图3-89所示。

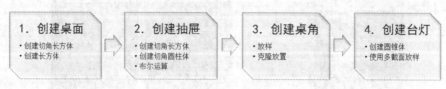

图3-89 操作流程示意图

素材文件	素材\第3章\图形对象1.max、图形对象2.max
效果文件	效果\第3章\图形对象.max
动画演示	动画\第3章\3-1.swf、3-2.swf、3-3.swf、3-4.swf

1. 创建桌面

下面先在场景中创建出切角长方体与长方体，然后将它们组合放置成为桌面，其操作步骤如下。

01 新建场景。在顶视图中创建切角长方体，将长、宽、高分别设置为"400"、"1000"、"30"，"圆角"设置为"2"，如图3-90所示。

02 在顶视图中创建长方体，将长、宽、高分别设置为"375"、"1000"、"100"，如图3-91所示。

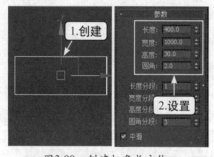

图3-90 创建切角长方体

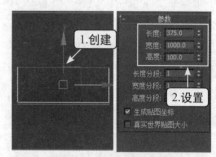

图3-91 创建长方体

03 在顶视图与前视图中将切角长方体与长方体分别放置在对应的位置，完成桌面的创建，如图3-92所示。

2. 创建抽屉

先创建切角长方体与切角圆柱体，然后通过布尔运算剪切掉圆柱体，创建抽屉，其操作步骤如下。

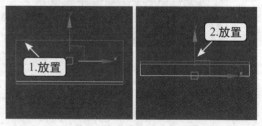

图3-92 组合放置桌面

01 在前视图中创建切角长方体，将长、宽、高分别设置为"100"、"330"、"25"，"圆角"设置为"1"，如图3-93所示。

02 在前视图中创建切角圆柱体，将"半径"设置为"10"、"高度"设置为"10"、"圆角"设置为"2"，如图3-94所示。

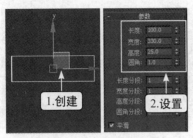
图3-93 创建切角长方体

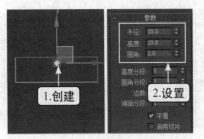
图3-94 创建切角圆柱体

03 在顶视图与前视图中，将切角圆柱体与切角长方体放置在对应的位置，如图3-95所示。

04 选中切角长方体，在命令面板中单击 布尔 按钮，然后在修改面板的"参数"卷展栏的"操作"栏中选中"差集（A-B）"单选项，最后在"拾取布尔"卷展栏中单击 拾取操作对象B 按钮，如图3-96所示。

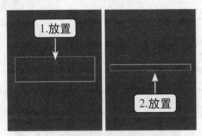
图3-95 放置位置

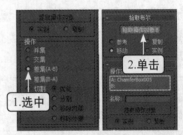
图3-96 布尔差集

05 单击 拾取操作对象B 按钮后，在前视图中单击切角长方体上的切角圆柱体对象，将其差集去除，如图3-97所示。

06 以"实例"的克隆方式将布尔运算后的切角长方体克隆3份，并在前视图与顶视图中将其放置在与桌面对应的位置，完成抽屉创建，如图3-98所示。

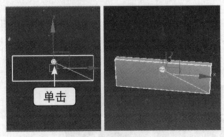
图3-97 选择剪切对象

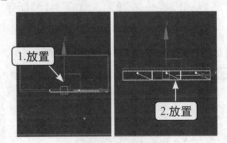
图3-98 克隆并放置位置

3. 创建桌角

先通过图形放样创建桌角，然后通过克隆的方式克隆出另一个桌角，放置好位置，其操作步骤如下。

01 在场景中导入光盘提供的素材文件"图形对象1.max"，并在左视图中选中大的图形。

02 在命令面板中单击 放样 按钮，在修改面板的"创建方法"卷展栏中单击 获取图形 按钮，然后在顶视图中单击矩形图形对象，如图3-99所示。

03 选中放样出的新对象，以"实例"的方式克隆1份，并将2个对象分别放置在桌面下的左右两侧成为桌角，如图3-100所示。

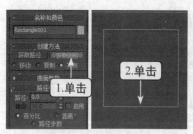
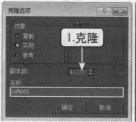

图3-99　图形放样　　　　　　　　图3-100　克隆并放置位置

4. 创建台灯

通过多截面放样创建台灯模型，并放置在桌面上作为整体，完成整个现代书桌模型的创建，其操作步骤如下。

01 在命令面板中单击"创建"选项卡，然后单击"几何体"按钮，在其下列表框中选择"标准基本体"选项，最后单击 圆锥体 按钮，如图3-101所示。

02 在顶视图中拖动鼠标创建圆锥体的半径1，释放鼠标并向上移动创建高度，然后单击鼠标并向内移动鼠标创建半径2，再次单击鼠标即可结束创建，如图3-102所示。

图3-101　单击圆锥体按钮　　　　　图3-102　创建圆锥体

03 在修改面板"参数"卷展栏中将"半径1"设置为"40"、"半径2"设置为"20"、"高度"设置为"25"，如图3-103所示。

04 将光盘提供的素材文件"图形对象2.max"导入场景中，在左视图中选中弧形的曲线，然后在命令面板中单击 放样 按钮，并在修改面板的"创建方法"卷展栏中单击 获取图形 按钮，最后在顶视图中单击导入的图形中大的圆圈图形，如图3-104所示。

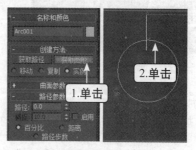

图3-103　设置圆锥体参数　　　　　图3-104　图形放样

05 在放样修改面板的"路径参数"卷展栏的"路径"数值框中输入"10"，然后再次单击 获取图形 按钮，在顶视图中单击导入的图形中小的圆圈图形，如图3-105所示。

06 将圆锥体与多截面放样出的图形放置在对应的位置，并统一放置在桌面上完成整个模型的创建，如图3-106所示。

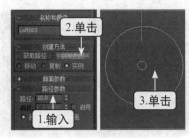

图3-105 二次放样

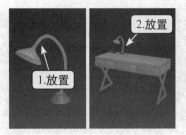

图3-106 放置对象

提高练习1 创建室内装饰品

本练习主要在场景中创建长方体、圆柱体、圆环、球体，并通过缩放、克隆基本编辑操作，将对象组合在一起，完成室内装饰品的创建。最终效果如图3-107所示。

素材文件	无
效果文件	效果/第3章/室内装饰品.max

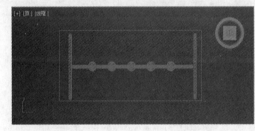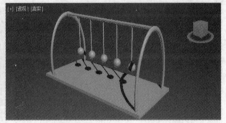

图3-107 室内装饰品效果图

练习提示:

（1）在顶视图中创建长方体，将长、宽、高分别设置为"45"、"100"、"2"。

（2）在左视图中创建圆环，将半径1设置为"20"、"半径2"设置为"1"，并启用切片，切片起始位置设置为"109"，结束位置设置为"－109"。

（3）利用缩放工具将圆环在左视图中沿Y轴向上缩放。

（4）以"实例"的方式克隆出圆环，并将2个圆环放置在长方体上方，左右对齐。

（5）在左视图中创建圆柱体，半径设置为"1"，高度设置为"85"，并将其放置在2个圆环中间。

（6）在顶视图创建圆柱体，半径设置为"0.5"，高度设置为"25"。

（7）在圆柱体下方创建球体，半径设置为"3"。

（8）以"实例"的方式将圆柱体与球体克隆出4份，并均匀放置在横向圆柱体下方。

提高练习2 制作窗帘

本练习以创建窗帘为例，巩固在场景中使用多截面放样、布尔、基本体的创建方法，最终效果如图3-108所示。

素材文件	素材/第3章/窗帘.max
效果文件	效果/第3章/窗帘.max

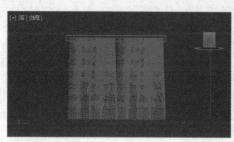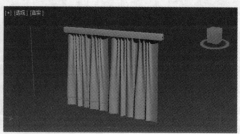

图3-108　窗帘效果图

练习提示：

（1）打开光盘提供的素材文件"窗帘.max"。

（2）在前视图中将竖向的直线作为路径，通过顶视图中较短的波浪线作为图形进行放样。

（3）将直线以90%的路径，通过顶视图中较长波浪线进行二次放样，得到窗帘布。

（4）在左视图中创建切角长方体，长、宽、高分别设置为"15"、"15"、"360"，圆角为"1"。

（5）在左视图中创建长方体，将长、宽、高分别设置为"14"、"10"、"380"。

（6）在左视图中将长方体放置在切角长方体一半的位置并重合。

（7）利用布尔运算差集减去长方体，并将运算后的对象放置好位置。

第4章
二维图形建模与
修改器建模

　　3ds Max 2015中有两类二维图形，分别是样条线与NURBS曲线，它们作为创建三维模型的基础或路径约束。通过不同的修改器可创建出不同效果的三维模型。本章将对二维图形转换为三维图形建模以及常用的修改器做详细介绍。

Example 实例 050 **线的创建**

"线"的创建作为二维图形中最基础也是应用最多的创建方法，它几乎可以创建出任何二维图形截面，通过修改器可以将创建出的截面转换为三维对象。

素材文件	无
效果文件	效果\第4章\罗马柱\罗马柱.max
动画演示	动画\第4章\050.swf

下面通过先创建线，再利用"车削"修改器创建出罗马柱模型，其操作步骤如下。

01 新建场景。在命令面板中单击"创建"选项卡 ，然后单击"图形"按钮 ，在其下拉列表框中选择"样条线"选项后，单击 线 按钮，如图4-1所示。

02 在前视图中单击鼠标创建线的起始顶点，移动鼠标到适合的位置后单击鼠标即可创建线的下一个顶点，以此方式创建出一条如图4-2所示的线，最后右击鼠标结束线的创建。

图4-1　单击线按钮

图4-2　创建线

03 在前视图中选中创建出的样条线，然后在修改器堆栈中单击"Line"左侧的 按钮，在展开的下拉列表中选择"顶点"层级，如图4-3所示。

04 保持在顶点层级状态，单击鼠标即可选中样条线上的顶点。在前视图中按住【Ctrl】键加选如图4-4所示的顶点。

图4-3　选择顶点层级

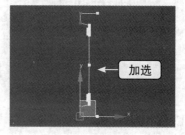

图4-4　加选顶点

专家课堂

将直线创建于曲线

在创建线的下一个顶点的同时按住【Shift】键不放，即可创建出与上一个顶点保持水平相连的直线。如需创建曲线，在创建下一个顶点时按住鼠标，然后通过拖动鼠标控制与上一个顶点之间线的曲度即可。

05 保持在顶点层级状态，在修改面板"几何体"卷展栏的"圆角"数值框中输入"1"，然后单击 圆角 按钮，如图4-5所示。

06 在前视图中按住【Ctrl】键，并以框选的方式将如图4-6所示的顶点进行加选。

图4-5 顶点圆角

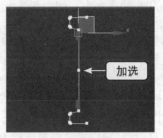

图4-6 框选顶点

07 保持框选顶点状态，单击鼠标右键，在弹出的快捷菜单栏中选择【Bezier】命令，如图4-7所示。

08 此时所选顶点会变为平滑状态，并在顶点上方出现上下两条绿色控制柄，通过移动工具分别按住鼠标并拖动调节控制柄，便可将所选顶点调节到均匀且平滑的状态，如图4-8所示。

图4-7 选择Bezier

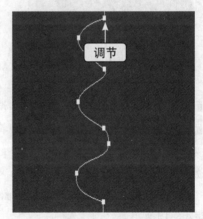

图4-8 调节顶点

09 在修改器堆栈中单击"Line"选项退出顶点层级，然后在"修改器列表"下拉列表框中选择"车削"修改器，如图4-9所示。

10 在车削修改器修改面板"参数"卷展栏的"对齐"栏中单击 最大 按钮，如图4-10所示，即可将二维图形转换为三维图形。

图4-9 选择车削命令

图4-10 单击对齐点

使用"文本"样条线可快速在视图中创建出文字模型，并且可以像在"Word"文档中一样对文字的字体、大小、间隔等参数进行控制。

素材文件	无
效果文件	效果\第4章\广告牌\广告牌.max
动画演示	动画\第4章\051.swf

下面先通过可渲染样条线创建立体的文字模型，再结合切角长方体组合创建出广告牌模型，其操作步骤如下。

01 新建场景。在命令面板中单击"创建"选项卡，然后单击"图形"按钮，在其下拉列表框中选择"样条线"选项后，单击 文本 按钮，如图4-11所示。

02 在前视图中单击鼠标即可创建文本，如图4-12所示。

图4-11　单击文本按钮

图4-12　创建文本

03 在修改面板"渲染"卷展栏中选中"在渲染中启用"与"在视口中启用"复选框，然后再选中下方的"矩形"单选项，并将"长度"设置为"20"、"宽度"设置为"2"，如图4-13所示。

04 在"参数"卷展栏下拉列表框中选择"微软雅黑"选项，并将"大小"设置为"100"、"字间距"设置为"10"，然后在"文本"文本框中输入文字"莉莉超市"，如图4-14所示。

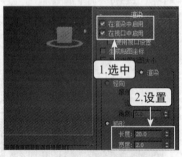

图4-13　设置可渲染样条线

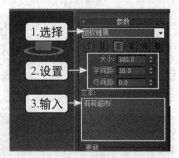

图4-14　设置文字参数

05 在前视图中创建切角长方体，将长、宽、高分别设置为"170"、"400"、"20"，"圆角"设置为"1"，如图4-15所示。

06 在顶视图与前视图中分别将切角长方体与文本放置在对应的位置，完成创建，如图4-16所示。

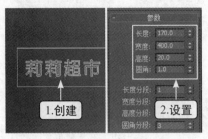
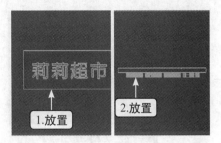

图4-15 创建切角长方体　　　　　图4-16 放置位置

专家课堂

圆形可渲染样条线

可渲染样条线是不通过修改器直接将样条线二维图形创建成为三维图形的唯一方法，它不仅可以以矩形的方式创建，还可以圆形方式创建，具体操作方法为：在样条线修改面板的"渲染"卷展栏中选中"在视口中启用"复选框与"在渲染中启用"复选框后，选中下方的"径向"单选项即可。

Example 实例 052 矩形样条线

使用矩形样条线，可以直接创建出各种矩形和正方形形状且闭合的样条线对象，并且能够方便地进行圆角、切角等处理。

素材文件	无
效果文件	效果\第4章\卧室门\卧室门.max
动画演示	动画\第4章\052.swf

下面先将矩形样条线转换为可编辑样条线，然后通过挤出修改器创建卧室门模型，其操作步骤如下。

01 新建场景。在命令面板中单击"创建"选项卡 ，然后单击"图形"按钮 ，在其下拉列表框中选择"样条线"选项，最后单击 矩形 按钮，如图4-17所示。

02 在前视图中以矩形的方式拖动鼠标即可创建出矩形样条线，如图4-18所示。

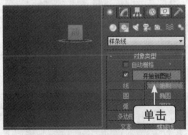
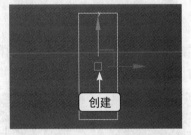

图4-17 单击矩形按钮　　　　　图4-18 创建矩形

03 在修改面板"参数"卷展栏中，将矩形长、宽分别设置为"2100"、"800"，如图4-19所示。

04 在矩形中间创建矩形，并将长、宽分别设置为"200"、"500"，如图4-20所示。

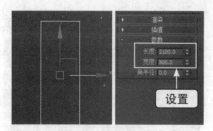

设置

图4-19 设置矩形参数

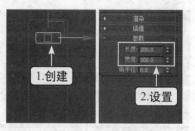

1.创建

2.设置

图4-20 创建矩形

05 在前视图中选中小的矩形，以"实例"的方式沿Y轴向下克隆出2个矩形，并将其放置在如图4-21所示的位置。

06 选中最大的矩形，单击鼠标右键，在弹出的快捷菜单栏中选择【转换为】/【转换为可编辑样条线】命令，如图4-22所示。

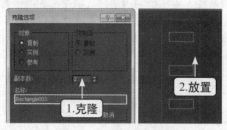

1.克隆

2.放置

图4-21 克隆、放置对象

选择

图4-22 选择转换为可编辑样条线

07 选中转换后的矩形，在修改器堆栈中单击"可编辑样条线"左侧的■按钮，然后在展开的下拉列表中选择"样条线"层级，如图4-23所示。

08 在修改面板"几何体"卷展栏中单击 附加 按钮，然后在前视图中依次单击中间小的矩形将其附加，如图4-24所示。

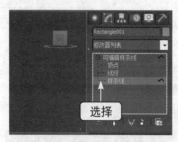

选择

图4-23 选择样条线层级

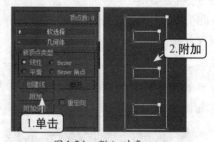

2.附加

1.单击

图4-24 附加对象

09 在"修改器列表"下拉列表框中选择"挤出"修改器，如图4-25所示。

10 在挤出修改面板"参数"卷展栏的"数量"数值框中输入"50"，如图4-26所示。

选择

图4-25 选择挤出修改器

输入

图4-26 输入挤出数量

⓫ 在前视图中创建长方体，将长、宽、高分别设置为 "200"、"500"、"20"，如图4-27所示。

⓬ 将长方体以 "实例" 的方式克隆出2份，并将其分别放置在顶视图与前视图中如图4-28所示的位置，完成创建。

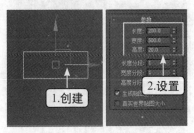

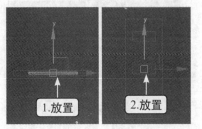

图4-27　创建长方体　　　　　　　图4-28　克隆、放置长方体

 专家课堂

可编辑样条线

当样条线转换为可编辑样条线后，即可对样条线的顶点、线段、样条线3个层级进行编辑。在图形样条线中只有使用线创建出的图形才可直接编辑子层级，而其余图形则需转换为可编辑样条线后才能编辑。转换方法为：选中样条线后右击鼠标，在弹出的快捷菜单栏中选择【转换为】/【转换为可编辑样条线】命令即可。

Example 实例 053 NURBS曲线

NURBS曲线分为点曲线和CV曲线两种，前者由顶点控制曲线的形状，点始终位于曲线上，而后者由CV控制点控制曲线，并且这些点不在曲线上，两者最终的创建效果相同。

素材文件	无
效果文件	效果\第4章\花瓶\花瓶.max
动画演示	动画\第4章\053.swf

下面通过先创建CV曲线，然后通过NURBS工具箱创建花瓶模型，其操作步骤如下。

① 新建场景。在命令面板中单击 "创建" 选项卡 ，然后单击 "图形" 按钮 ，在其下拉列表框中选择 "NURBS曲线" 选项，最后单击 CV曲线 按钮，如图4-29所示。

② 在前视图中单击鼠标创建CV曲线的起始顶点，移动鼠标到适合的位置后单击鼠标创建曲线的第2个CV点，以此方式创建出一条如图4-30所示的曲线，右击鼠标结束创建。

图4-29　单击CV曲线　　　　　　　图4-30　创建CV曲线

03 在修改面板"常规"卷展栏中单击■按钮，打开"NURBS"工具栏，如图4-31所示。

04 在"NURBS"工具栏中单击"创建车削曲面"按钮■，然后单击前视图中的CV曲线，如图4-32所示。

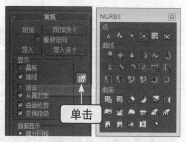 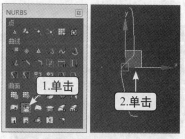

图4-31　打开NURBS工具栏　　　图4-32　创建车削曲面

05 在修改面板"车削曲面"卷展栏中单击■按钮，完成创建，如图4-33所示。

图4-33　选择创建方向

Example 实例 054 倒角修改器

倒角修改器能够将二维样条线图形以挤出并且在边缘进行倒角的方式转换为三维图形。

素材文件	无
效果文件	效果\第4章\椅子\椅子.max
动画演示	动画\第4章\054.swf

下面通过倒角修改器创建椅子模型，其操作步骤如下。

01 新建场景。在前视图中由上至下创建一条由3个顶点组建而成的线，如图4-34所示的线。

02 在修改器堆栈中单击"Line"左侧的■按钮，在展开的下拉列表中选择"顶点"层级，如图4-35所示。

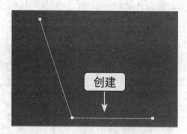 

图4-34　创建线　　　图4-35　选择顶点层级

03 在前视图中选中中间的顶点，在修改面板"几何体"卷展栏的"圆角"数值框中输入"20"，然后单击■圆角■按钮，如图4-36所示。

04 在修改器堆栈 "Line" 展开列表中选择 "样条线" 层级，如图4-37所示。

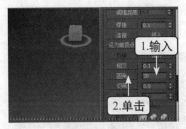
图4-36　顶点圆角

图4-37　选择样条线层级

05 在修改面板 "几何体" 卷展栏的 "轮廓" 数值框中输入 "15"，然后单击 轮廓 按钮，如图4-38所示。

06 在修改器堆栈中回到 "顶点" 层级，在前视图中按住【Ctrl】键框选如图4-39所示的顶点。

图4-38　轮廓样条线

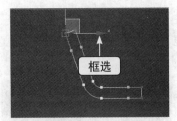
图4-39　框选顶点

07 在修改面板 "几何体" 卷展栏的 "圆角" 数值框中输入 "7"，然后单击 圆角 按钮，如图4-40所示。

08 在 "修改器列表" 下拉列表框中选择 "倒角" 修改器，如图4-41所示。

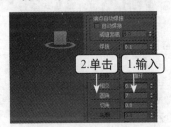
图4-40　相交样条线

图4-41　选择倒角修改器

09 在倒角修改器修改面板的 "倒角值" 卷展栏中将 "级别1" 高度设置为 "4"、轮廓设置为 "5"，选中 "级别2" 复选框，并将 "级别2" 高度设置为 "100"，继续将 "级别3" 高度设置为 "4"、轮廓设置为 "−5"，如图4-42所示。

10 在前视图倒角对象下方创建出一条如图4-43所示的线。

图4-42　倒角参数设置

图4-43　创建线

⑪ 选中线，进入它的"顶点"层级，同时选中中间的顶点，在修改面板"几何体"卷展栏的"圆角"数值框中输入"5"，然后单击 ▊▊圆角▊ 按钮，如图4-44所示。

⑫ 单击修改器堆栈中的"Line"选项退出顶点层级，如图4-45所示。

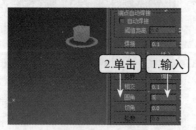
图4-44　顶点圆角

图4-45　退出顶点层级

⑬ 在顶视图中以"实例"的方式沿Y轴向下克隆出一条相同的线，并将2条线放置在如图4-46所示的位置。

⑭ 选中其中一条线，在修改面板"渲染"卷展栏中选中"在视口中启用"和"在渲染中启用"复选框，同时选中"径向"单选项，并将厚度设置为"5"，如图4-47所示，即可完成创建。

图4-46　克隆、放置位置

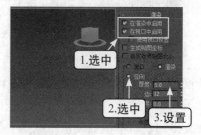
图4-47　设置可渲染样条线

专家课堂

NURBS曲线的创建方法

　　NURBS曲线的创建与线的创建基本相同，都是通过先创建线的起始顶点，再根据创建路径分布创建顶点，右击即可结束创建，按住【Shift】键可创建直线。

Example 实例 **055 倒角剖面修改器**

　　先使用一个二维图形作为"路径"，同时使用一个二维图形作为图形的"剖面"，然后利用倒角剖面修改器即可将剖面沿路径挤出创建出模型。

素材文件	无
效果文件	效果\第4章\浴缸\浴缸.max
动画演示	动画\第4章\055.swf

　　下面通过倒角剖面修改器创建浴缸模型，其操作步骤如下。

① 新建场景。在顶视图中创建一个矩形，将长、宽分别设置为"1000"、"2000"，

"角半径"设置为"400",如图4-48所示。

02 在前视图中由下至上创建出一条如图4-49所示的线。

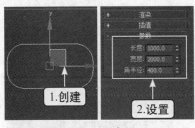

图4-48 创建矩形

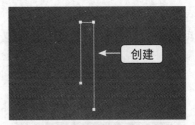

图4-49 创建线

03 选中线,在修改器堆栈中单击"Line"左侧的▇按钮,在展开的下拉列表中选择"顶点"层级,如图4-50所示。

04 在前视图中框选线上方的2个顶点,并单击鼠标右键,在弹出的快捷菜单中选择【平滑】命令,如图4-51所示。

图4-50 选择顶点层级

图4-51 选择平滑命令

05 退出顶点层级,在顶视图中选中矩形,在"修改器列表"下拉列表框中选择"倒角剖面"修改器,如图4-52所示。

06 在倒角剖面修改面板"参数"卷展栏中单击▇▇拾取剖面▇按钮,然后单击已创建好的线即可完成浴缸的创建,如图4-53所示。

图4-52 选择倒角剖面修改器

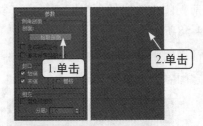

图4-53 单击拾取剖面

Example 实例 056 曲面修改器

曲面修改器是基于样条线网络的轮廓生成面片曲面,使用曲面修改器可以在三面体或四面体的交织样条线分段的任何地方创建出面片。

素材文件	无
效果文件	效果\第4章\水桶\水桶.max
动画演示	动画\第4章\056.swf

下面通过曲面修改器将样条线图形修改为水桶模型，其操作步骤如下。

01 新建场景。在命令面板中单击"创建"选项卡，然后单击"图形"按钮，在其下拉列表框中选择"样条线"选项，最后单击 ▢ 圆 ▢ 按钮，如图4-54所示。

02 在顶视图中拖动鼠标创建圆，在修改面板中将圆"半径"设置为"4.5"，如图4-55所示。

图4-54 单击圆按钮

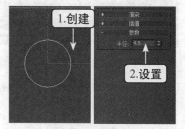
图4-55 创建圆

03 在前视图中选中圆，并以"复制"的方式沿Y轴向下克隆到适合的位置，然后在修改面板中将圆半径修改为"5"，如图4-56所示。

04 在前视图中选中克隆出的圆，再次以"复制"的方式沿Y轴向下克隆到适合的位置，如图4-57所示。

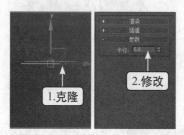
图4-56 克隆圆、修改半径

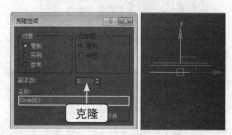
图4-57 克隆圆

05 在前视图中选中最上方的圆，以"复制"的方式沿Y轴向下克隆到最下方的位置，如图4-58所示。

06 在前视图中框选所有的圆，以"复制"的方式沿Y轴向下克隆3份，并保持每份中间有一定间隔，如图4-59所示。

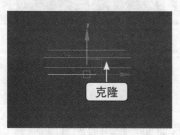
图4-58 克隆圆

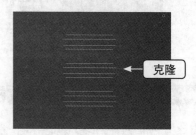
图4-59 克隆圆

07 在前视图中选中最下方的圆，以"复制"的方式沿Y轴继续向下克隆，并将半径修改为"1"，如图4-60所示。

08 选中半径为1的圆，再次以"复制"的方式沿Y轴向下克隆，如图4-61所示。

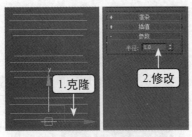

图4-60　克隆圆、修改半径

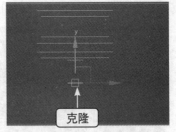

图4-61　克隆圆

⑨　在前视图中选中最下方的圆,右击鼠标,在弹出的快捷菜单中选择【转换为】/【转换
　　为可编辑样条线】命令,如图4-62所示。

⑩　在可编辑样条线修改面板的"几何体"卷展栏中单击　附加　按钮,然后在前视图中
　　依次单击所有的圆,将其附加成为一个对象,如图4-63所示。

图4-62　转换为可编辑样条线

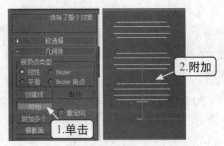

图4-63　附加圆

专家课堂

显示顶点编号

当在使用横截面对顶点进行连接时,它是通过顶点的编号进行对应连接的,显示这些编号
只需要在顶点层级修改面板"选择"卷展栏中选中"显示顶点编号"复选框即可。

⑪　在修改器堆栈中单击"Line"左侧的■按钮,在展开的下拉列表中选择"顶点"层
　　级,如图4-64所示。

⑫　在修改面板"几何体"卷展栏中单击　横截面　按钮,如图4-65所示。

图4-64　选择顶点层级

图4-65　单击横截面按钮

⑬　在前视图中以中间竖排顶点为序从上至下依此单击鼠标,将每个顶点通过一条线连接
　　后右击鼠标结束横截面,如图4-66所示。

⑭　退出顶点层级,在"修改器列表"下拉列表框中选择"曲面"修改器,并在修改面板
　　"参数"卷展栏的"阈值"数值框中输入"0",选中"翻转法线"复选框,最后在

"步数"数值框中输入"10",如图4-67所示,完成创建。

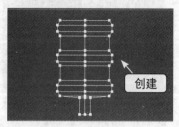

图4-66 创建横截面

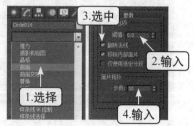

图4-67 创建、设置曲面修改器

057 FFD修改器

FFD修改器也称为自由变形修改器,它通过对对象添加控制点,然后对控制点进行编辑从而改变对象形态,随着控制点的增加,对对象的改变也越细致。

素材文件	无
效果文件	效果\第4章\抱枕\抱枕.max
动画演示	动画\第4章\057.swf

下面通过FFD修改器创建抱枕模型,其操作步骤如下。

01 新建场景。在顶视图中创建切角长方体,将长、宽、高分别设置为"400"、"400"、"150","圆角"设置为"10",继续将"长度分段"、"宽度分段"、"高度分段"设置为"20"、"20"、"20",如图4-68所示。

02 选中切角长方体,在"修改器列表"下拉列表框中选择"FFD(长方体)"修改器,如图4-69所示。

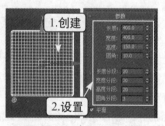

图4-68 创建切角长方体

图4-69 选择FFD(长方体)修改器

03 在修改器堆栈中单击"FFD(长方体)4×4×4"左侧的 按钮,在展开的下拉列表中选择"控制点"层级,如图4-70所示。

04 在FFD(长方体)修改器修改面板的"FFD参数"卷展栏中单击 设置点数 按钮,如图4-71所示。

图4-70 选择控制点层级

图4-71 单击设置点数按钮

05 打开"设置FFD尺寸"对话框，将"设置点数"栏中的"长度"设置为"5"、"宽度"设置为"7"、"高度"设置为"3"，然后单击 确定 按钮，如图4-72所示。

06 在顶视图中按住【Ctrl】键以框选的方式加选长方体4个边线的所有控制点，如图4-73所示。

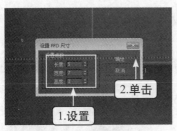
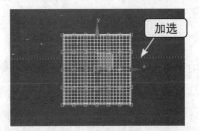

图4-72　设置控制点数　　　　　　　图4-73　加选控制点

07 保持选中控制点状态，利用"选择并均匀缩放"工具，在前视图中沿Y轴向下进行缩放，将长方体缩放至如图4-74所示的形状。

08 在顶视图中加选长方体除四个直角边以外的四条边上的所有控制点，如图4-75所示。

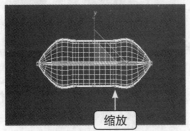
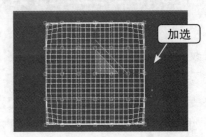

图4-74　缩放控制点　　　　　　　图4-75　加选控制点

09 利用"选择并均匀缩放"工具在顶视图中沿中心点向内均匀缩放，并将图形缩放至如图4-76所示的形状。

10 利用移动工具在前视图中将上方与下方的控制点略微向内移动调节，使其更为自然即可，如图4-77所示，完成创建。

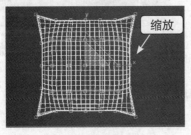
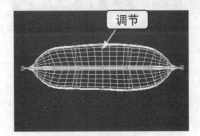

图4-76　缩放控制点　　　　　　　图4-77　调节控制点

Example 实例 **058** 噪波修改器

　　噪波修改器主要用于模拟真实凹凸不平的表面模型对象，它能通过对对象X、Y、Z轴顶点位置的调整，形成凹凸不平的表面效果，同时它也是模拟对象形状随机变化的重要动画工具。

素材文件	无
效果文件	效果\第4章\床\床.max
动画演示	动画\第4章\058.swf

下面使用噪波修改器创建床模型，其操作步骤如下。

01 新建场景。在顶视图中创建矩形二维图形，将长、宽分别设置为"2000"、"1500"，如图4-78所示。

02 选中矩形，单击鼠标右键，在弹出的快捷菜单中选择【转换为】/【转换为可编辑样条线】命令，如图4-79所示。

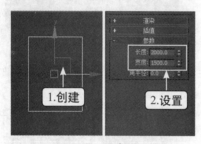

图4-78　创建矩形

图4-79　转换为可编辑样条线

03 在修改器堆栈中单击"可编辑样条线"左侧的■按钮，在展开的下拉列表中选择"样条线"层级，如图4-80所示。

04 在修改面板"几何体"卷展栏的"轮廓"数值框中输入"50"，然后单击 轮廓 按钮，如图4-81所示。

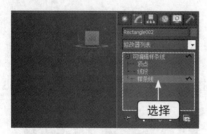

图4-80　选择样条线层级

图4-81　轮廓样条线

05 退出样条线层级，选中添加轮廓后的矩形，然后在"修改器列表"下拉列表框中选择"挤出"修改器，如图4-82所示。

06 在挤出修改器修改面板"参数"卷展栏的"数量"数值框中输入"300"，如图4-83所示。

图4-82　选择挤出修改器

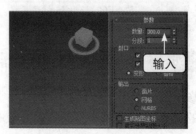

图4-83　设置挤出数量

07 在顶视图中创建长方体，将长、宽、高分别设置为"1900"、"1400"、"50"，如图4-84所示。

08 利用2.5D捕捉工具，在顶视图中捕捉长方体左上角顶点，然后利用捕捉移动将其放置到挤出对象内框左上角顶点位置，如图4-85所示。

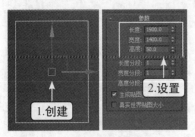

图4-84 创建长方体

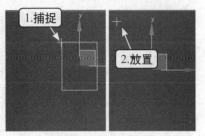

图4-85 捕捉放置位置

专家课堂

显示顶点编号

在使用横截面对顶点进行连接时，它是通过顶点的编号进行对应连接的，只需要在顶点层级修改面板"选择"卷展栏中选中"显示顶点编号"复选框即可显示这些编号。

---

09 在前视图中将捕捉放置好的对象移动到中间位置，如图4-86所示。

10 在顶视图中创建切角长方体，将长、宽、高分别设置为"1900"、"1400"、"200"，"圆角"设置为"10"，继续将"长度分段"设置为"20"，"宽度分段"设置为"20"，"高度分段"设置为"3"，如图4-87所示。

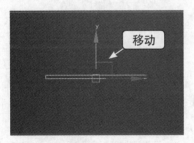

图4-86 移动长方体

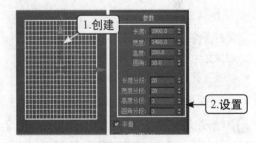

图4-87 捕捉放置位置

11 在顶视图与前视图中将创建好的切角长方体放置在如图4-88所示的位置。

12 选中切角长方体，在"修改器列表"下拉列表框中选择"噪波"修改器，如图4-89所示。

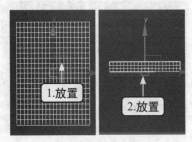

图4-88 放置切角长方体

图4-89 选择噪波修改器

⑬ 在噪波修改器修改面板"参数"卷展栏的"噪波"栏中选中"分形"复选框，然后在"强度"栏中将X、Y、Z分别设置为"20"、"20"、"10"，如图4-90所示。

⑭ 在前视图中创建切角长方体，将长、宽、高分别设置为"800"、"1500"、"100"，"圆角"设置为"20"，如图4-91所示，将其放置到床体后方作为靠背即可。

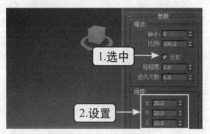

图4-90 设置噪波参数

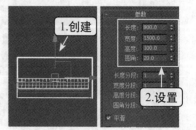

图4-91 创建、放置切角长方体

专家课堂

对象分段数的作用

对象的分段数直接影响了对象的变形效果，在使用"噪波"、"FFD"等多种修改器创建对象时，它们都是通过移动或变形对象的顶点来进行创建的，所以当对象的分段数越多时，变形的效果就越强烈；反之，减少分段，则效果将减弱。

Example 实例 059 对称修改器

为了能更快捷有效地创建出对象，在创建出一半模型后，可以使用对称修改器创建另一半模型。

素材文件	无
效果文件	效果\第4章\哑铃\哑铃.max
动画演示	动画\第4章\059.swf

下面使用对称修改器创建哑铃模型，其操作步骤如下。

① 新建场景。在左视图中创建一个切角圆柱体，将"半径"设置为"30"、"高度"设置为"60"、"圆角"设置为"1"、"圆角分段"设置为"3"、"边数"设置为"6"，如图4-92所示。

② 在左视图切角圆柱体中心位置创建圆柱体，将其"半径"设置为"9"、"高度"设置为"60"，如图4-93所示。

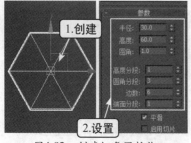

图4-92 创建切角圆柱体

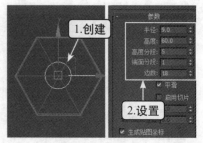

图4-93 创建圆柱体

03 在前视图中将圆柱体放置在切角圆柱体右侧并紧贴表面，如图4-94所示。

04 在前视图中框选2个对象，在"修改器列表"下拉列表框中选择"对称"修改器，如图4-95所示。

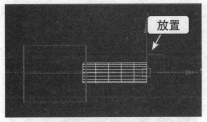

图4-94 放置圆柱体

图4-95 选择对称修改器

05 在对称修改器修改面板"参数"卷展栏的"镜像轴"栏中选中"X"单选项，同时选中"翻转"复选框，如图4-96所示。

06 在修改器堆栈中单击"对称"左侧的■按钮，在展开的下拉列表中选择"镜像"层级，如图4-97所示。

图4-96 设置对称参数

图4-97 选择镜像层级

07 在前视图中利用移动工具沿X轴向右移动镜像轴，将其移动到如图4-98所示的位置后完成模型的创建。

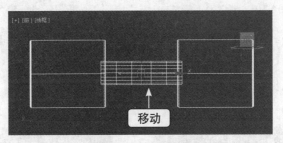

图4-98 移动镜像轴

Example 实例 060 弯曲修改器

使用弯曲修改器能将模型围绕单独轴弯曲360度，在对象几何体中产生均匀弯曲效果，并可以在任意三个轴上控制弯曲的角度和方向，也可以对几何体的一段限制弯曲。

素材文件	无
效果文件	效果\第4章\落地台灯\落地台灯.max
动画演示	动画\第4章\060.swf

下面使用弯曲修改器创建落地台灯模型，其操作步骤如下。

01 新建场景。在命令面板中单击"创建"选项卡 ，然后单击"图形"按钮 ，在其下拉列表框中选择"样条线"选项后，单击 弧 按钮，如图4-99所示。

02 在前视图中从上至下拖动鼠标创建弧的半径，释放鼠标并向外移动鼠标创建弧的弧度，最后单击鼠标结束弧的创建，如图4-100所示。

图4-99　单击弧按钮

图4-100　创建弧

03 在修改面板"参数"卷展栏中将"半径"设置为"50"，"从"设置为"100"，"到"设置为"200"，如图4-101所示。

04 选中创建好的弧，右击鼠标，在弹出的快捷菜单中选择【转换为】/【转换为可编辑样条线】命令，如图4-102所示。

图4-101　设置弧参数

图4-102　转换为可编辑样条线

05 在修改器堆栈中单击"可编辑样条线"左侧的 按钮，在展开的下拉列表中选择"样条线"层级，如图4-103所示。

06 在修改面板"几何体"卷展栏的"轮廓"数值框中输入"1"，然后单击 轮廓 按钮，如图4-104所示。

图4-103　选择样条线层级

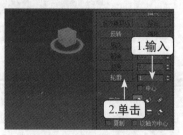

图4-104　轮廓样条线

07 在"修改器列表"下拉列表框中选择"车削"修改器，如图4-105所示。

08 在修改面板"参数"卷展栏的"分段"数值框中输入"32"，如图4-106所示。

图4-105　选择撤消修改器

图4-106　设置分段

⑨ 在顶视图中创建圆柱体，将"半径"设置为"8"、"高度"设置为"300"、"高度分段"设置为"20"，如图4-107所示。

⑩ 在前视图中以"复制"的方式沿Y轴向上克隆出一个圆柱体，并将"半径"修改为"4"、"高度"修改为"400"，其余参数不变，如图4-108所示。

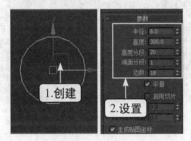
图4-107　创建圆柱体

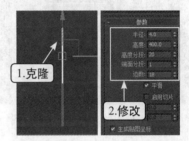
图4-108　克隆、修改圆柱体

⑪ 在前视图中框选2个圆柱体，在"修改器列表"下拉列表框中选择"弯曲"修改器，如图4-109所示。

⑫ 在弯曲修改器修改面板"参数"卷展栏的"角度"数值框中输入"150"，然后在"弯曲轴"栏中选中"Z"单选项，如图4-110所示。

图4-109　选择弯曲修改器

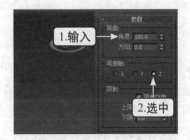
图4-110　设置弯曲轴与角度

⑬ 在修改面板"限制"栏中选中"限制效果"复选框，并在"上限"数值框中输入"300"，如图4-111所示。

⑭ 在修改器堆栈中单击"Bend"左侧的■按钮，在展开的下拉列表中选择"Gizmo"层级，如图4-112所示。

⑮ 保持选中Gizmo层级状态，在前视图中利用移动工具向右移动Gizmo，将对象创建成如图4-113所示的形状。

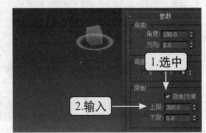
图4-111　设置限制效果

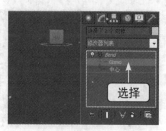

图4-112　选择Gizmo层级

图4-113　移动Gizmo

16 在顶视图中创建切角圆柱体，将"半径"设置为"100"、"高度"设置为"20"、"圆角"设置为"2"、"边数"设置为"32"，如图4-114所示。

17 将创建好的3个对象分别放置在对应的位置，即可完成模型的创建，如图4-115所示。

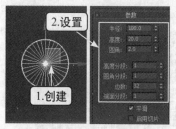

图4-114　创建切角圆柱体

图4-115　放置位置

Example 实例 061 扭曲修改器

扭曲修改器能使对象产生旋转效果，可任意控制三个轴上扭曲的角度，同时还可以对对象的某一段进行限制扭曲。

素材文件	无
效果文件	效果\第4章\钻头\钻头.max
动画演示	动画\第4章\061.swf

下面使用扭曲修改器创建钻头模型，其操作步骤如下。

01 新建场景。在顶视图中创建一个长方体，将长、宽、高分别设置为"10"、"10"、"200"，"长度分段"设置为"2"，"宽度分段"设置为"2"，"高度分段"设置为"20"，如图4-116所示。

02 在前视图中选中创建好的长方体，在"修改器列表"下拉列表框中选择"扭曲"修改器，如图4-117所示。

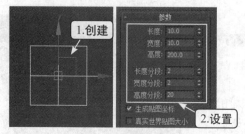

图4-116　创建长方体

图4-117　选择扭曲修改器

03 在扭曲修改器修改面板"参数"卷展栏中，将"角度"设置为"600"、"偏移"设置为"−10"，并选中"扭曲轴"栏中的"Z"单选项，如图4-118所示。

04 在修改面板"限制"栏中选中"限制效果"复选框，同时将"上限"设置为"170"，如图4-119所示。

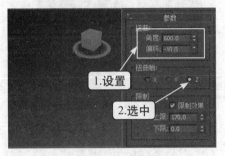

图4-118　设置角度与扭曲轴

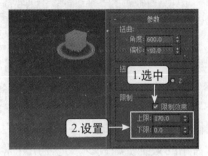

图4-119　设置限制参数

05 在"修改器列表"下拉列表框中选择"FFD（长方体）"修改器，如图4-120所示。

06 在修改器堆栈中单击"FFD 4×4×4"左侧的■按钮，在展开的下拉列表中选择"控制点"层级，如图4-121所示。

图4-120　选择FFD（长方体）修改器

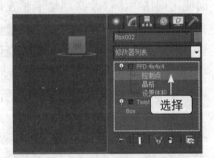

图4-121　选择控制点层级

07 在透视图中按住【Ctrl】键加选长方体顶部中间的4个控制点，如图4-122所示。

08 利用移动工具在前视图中将选中的4个控制点略微向上移动，如图4-123所示。

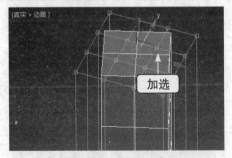

图4-122　加选控制点

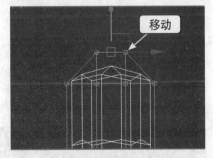

图4-123　移动控制点

09 在透视图中按住【Ctrl】键加选长方体最下方中间的4个控制点，如图4-124所示。

10 切换到前视图中，利用移动工具将选中的4个控制点向下移动至如图4-125所示的形状，完成创建。

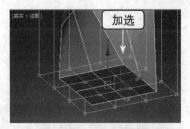

图4-124 加选控制点

图4-125 移动控制点

Example 实例 062 网格平滑修改器

网格平滑修改器可通过多种不同方法平滑场景中的几何体，并允许对模型进行细分，该操作占用的系统资源较少，是使用非常频繁的平滑类修改器。

素材文件	无
效果文件	效果\第4章\卡通五角星\卡通五角星.max
动画演示	动画\第4章\062.swf

下面使用网格平滑修改器创建卡通五角星模型，其操作步骤如下。

01 在命令面板中单击"创建"选项卡，然后单击"图形"按钮，在其下拉列表框中选择"样条线"选项，最后单击 星形 按钮，如图4-126所示。

02 在顶视图中拖动鼠标创建星形的半径1，释放鼠标后移动鼠标创建星形的半径2，最后单击鼠标即可结束创建，如图4-127所示。

图4-126 单击星形按钮

图4-127 创建星形

03 在修改面板"参数"卷展栏中将"半径1"设置为"50"、"半径2"设置为"25"，"点"设置为"5"，如图4-128所示。

04 选中对象，在"修改器列表"下拉列表框中选择"挤出"修改器，并在修改面板中将数量设置为"25"，如图4-129所示。

图4-128 设置星形参数

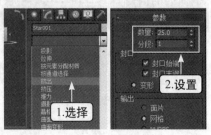

图4-129 选择挤出修改器

05 在"修改器列表"下拉列表框中为其添加"网格平滑"修改器，如图4-130所示。

06 在网格平滑修改器修改面板"细分方法"卷展栏的下拉列表框中选择"四边形输出"选项，并在"细分量"卷展栏的"迭代次数"数值框中输入"3"，如图4-131所示，即可完成网格平滑。

图4-130 选择网格平滑修改器

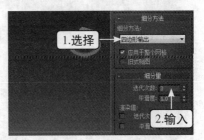

图4-131 设置平滑参数

现学现用 单人沙发建模

本章主要讲解了使用二维图形与修改器创建模型的方法，包括倒角、倒角剖面、曲面、FFD、噪波、对称、弯曲以及网格平滑修改器等内容。在熟悉并掌握二维图形与修改器的基础知识后，要求重点掌握常用修改器中的FFD、网格平滑、倒角、噪波修改器的应用与设置方法，下面通过这些知识来创建一个单人沙发模型，从而巩固本章所讲内容，具体流程如图4-132所示。

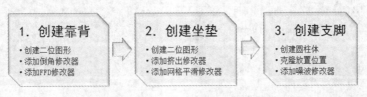

图4-132 操作流程示意图

素材文件	无
效果文件	效果\第4章\单人沙发.max
动画演示	动画\第4章\4-1.swf、4-2.swf、4-3.swf

1. 创建靠背

下面先在场景中创建出弧形样条线，再为其添加倒角修改器，然后通过FFD修改器对其调整，其操作步骤如下。

01 新建场景。在顶视图中创建弧，并在修改面板"参数"卷展栏中将"半径"设置为"500"、"从"设置为"0"、"到"设置为"180"，如图4-133所示。

02 选中弧，右击鼠标，在弹出的快捷菜单中选择【转换为】/【转换为可编辑样条线】命令，如图4-134所示。

03 在修改器堆栈中单击"可编辑样条线"左侧的█按钮，在展开的下拉列表中选择"样条线"层级，如图4-135所示。

04 在修改面板"几何体"卷展栏的"轮廓"数值框中输入"−140"，然后单击 █轮廓█ 按钮，如图4-136所示。

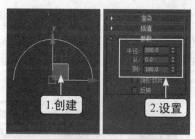

图4-133　创建弧形

图4-134　转换为可编辑样条线

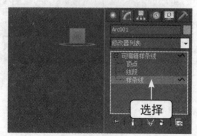

图4-135　选择样条线层级

图4-136　轮廓样条线

05 在修改器堆栈中进入"顶点"层级，在顶视图中框选弧形两头的顶点，如图4-137所示。

06 保持选中顶点状态，在修改面板"几何体"卷展栏的"圆角"数值框中输入"40"，然后单击 圆角 按钮，如图4-138所示。

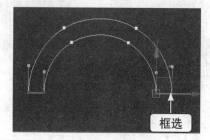

图4-137　框选顶点

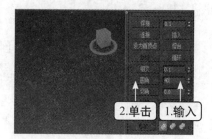

图4-138　顶点圆角

07 退出顶点层级，选中弧形，在"修改器列表"下拉列表框中选择"倒角"修改器，如图4-139所示。

08 在倒角修改器修改面板的"倒角值"卷展栏中，将"级别1"高度设置为"-4.5"，轮廓设置为"8"，继续选中"级别2"复选框，并将它的高度设置为"-8"，轮廓设置为"9"，继续选中"级别3"复选框，将它的高度设置为"-1000"，轮廓设置为"0"，如图4-140所示。

图4-139　选择倒角修改器

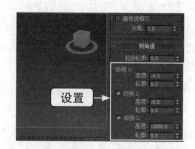

图4-140　设置倒角参数

⑨ 在"修改器列表"下拉列表框中选择"FFD（长方体）"修改器，如图4-141所示。

⑩ 在修改器堆栈中单击"FFD（长方体）4×4×4"左侧的■按钮，在展开的下拉列表框中选择"控制点"层级，如图4-142所示。

图4-141 选择FFD（长方体）修改器

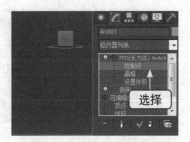

图4-142 选择控制点层级

⑪ 在前视图中框选从上至下第一排中间的2个控制点，利用移动工具沿Y轴向上移动，将图形调整为如图4-143所示的形状。

⑫ 在顶视图中框选所有的控制点，并利用"选择并均匀缩放"工具沿Y轴向上缩放，将对象缩放成如图4-144所示的形状。

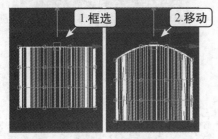

图4-143 移动控制点

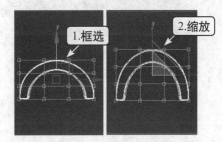

图4-144 缩放控制点

2. 创建坐垫

下面先创建出二维图形，然后通过添加挤出修改器与网格平滑修改器创建出坐垫，其操作步骤如下。

① 在顶视图中创建圆，在修改面板"参数"卷展栏中将半径设置为"500"，如图4-145所示。

② 选中创建好的圆，右击鼠标，在弹出的快捷菜中选择【转换为】/【转换为可编辑样条线】命令，如图4-146所示。

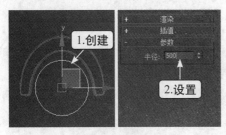

图4-145 创建圆

图4-146 转换为可编辑样条线

③ 在修改器堆栈中单击"可编辑样条线"左侧的■按钮，在展开的下拉列表中选择"顶

点"层级，如图4-147所示。

04 利用移动工具在顶视图中调整圆的顶点，将圆调整到创建好的靠背对象内凹陷的部分，如图4-148所示。

 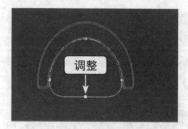

图4-147 选择顶点层级   图4-148 调整顶点

05 在"修改器列表"下拉列表框中选择"挤出"修改器，如图4-149所示。

06 在挤出修改器修改面板"参数"卷展栏中，将"数量"设置为"400"，在"输出"栏中选中"面片"单选项，如图4-150所示。

 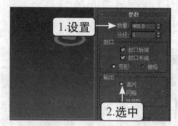

图4-149 选择挤出修改器   图4-150 设置挤出参数

07 在"修改器列表"下拉列表框中选择"网格平滑"修改器，并在修改面板"细分量"卷展栏的"迭代次数"数值框中输入"3"，如图4-151所示。

08 利用移动工具将坐垫与靠背放置在对应的位置，完成坐垫的创建，如图4-152所示。

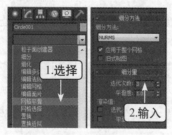 

图4-151 选择网格平滑修改器   图4-152 放置位置

3. 创建支脚

先利用圆柱体创建出沙发的支脚，再为沙发添加噪波修改器，使其变为更加真实的软垫效果，从而完成整个模型的创建，其操作步骤如下。

01 在顶视图中创建圆柱体，将"半径"设置为"30"、"高度"设置为"100"，如图4-153所示。

02 以"实例"的方式克隆出3份圆柱体，并在顶视图与前视图中分别放置好它们的位置，如图4-154所示。

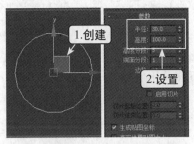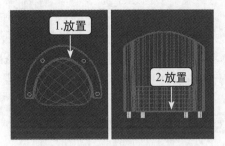

图4-153　创建圆柱体　　　　图4-154　克隆、放置圆柱体

03 同时选中沙发与靠垫，在"修改器列表"下拉列表框中选择"噪波"修改器，如图4-155所示。

04 在噪波修改器修改面板"参数"卷展栏中选中"分形"复选框，并在"强度"栏中将X、Y、Z都设置为"6"，如图4-156所示，即可完成整个模型的创建。

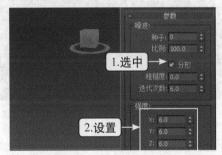

图4-155　选择噪波修改器　　　　图4-156　设置噪波参数

提高练习1　创建斜口花瓶模型

　　本练习主要通过创建线、编辑线，并同时使用车削修改器将样条线转换为三维对象，然后通过FFD修改器对对象进行变形操作，创建出斜口花瓶模型。最终效果如图4-157所示。

素材文件	无
效果文件	效果/第4章/斜口花瓶.max

图4-157　斜口花瓶效果图

练习提示：

（1）在前视图中创一条L形的直线。

（2）在线的样条线层级将线轮廓设置为2。

（3）将轮廓后的线顶部的2个顶点进行圆角设置。

（4）为线添加车削修改器，转换为三维对象，并将车削轴调整为最大位置。

（5）为其添加FFD（长方体）修改器。

（6）利用FFD修改器的控制点层级，将花瓶最下方的控制点均匀向内略微缩小。

（7）在前视图中将花瓶顶部一半的控制点向下移动出斜口。

提高练习2　创建床单模型

本练习主要通过对基本体添加不同的修改器来编辑对象，从而创建出床单模型，在练习过程中使用了FFD、噪波、扭曲、网格平滑等修改器，最终效果如图4-158所示。

素材文件	无
效果文件	效果/第4章/床单模型.max

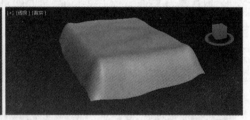

图4-158　床单模型效果图

练习提示：

（1）在"创建"项卡的"标准基本体"中单击 平面 按钮。

（2）在顶视图中拖动鼠标创建平面，将长、宽分别设置为"200"、"150"，"长度分段"设置为"20"，"宽度分段"设置为"20"。

（3）为平面添加噪波修改器，在修改器面板"参数"卷展栏中选中"分型"复选框，并在"强度"栏将X、Y、Z统一设置为"10"。

（4）为平面添加"FFD（长方体）"修改器，将长、宽、高的控制点分别设置为"12"、"12"、"2"。

（5）在FFD修改器控制点层级中，以框选的方式加选顶视图中平面4个边的所有控制点。

（6）利用移动工具沿Y轴将控制点向下移动。

（7）为平面添加扭曲修改器，并将扭曲角度设置为"5"。

（8）最后为其添加网格平滑修改器，并将迭代次数设置为"3"。

提高练习3　创建马桶模型

本练习主要利用二维图形添加倒角剖面修改器创建马桶模型，然后使用倒角命令创建马桶坐垫，最后使用网格平滑修改器对模型进行平滑处理。最终效果如图4-159所示。

素材文件	无
效果文件	效果/第4章/马桶模型.max

图4-159　马桶模型效果图

练习提示：

（1）在顶视图中创建一个椭圆样条线图形，并将长、宽分别设置为"130"、"170"。

（2）在前视图中创建出剖面线。

（3）将创建出的剖面线在样条线层级轮廓设置为"15"。

（4）对轮廓后的样条线最上方的2个顶点进行圆角处理。

（5）为椭圆添加倒角剖面修改器，并拾取剖面样条线。

（6）创建相同参数的椭圆，并将其转换为可编辑样条线。

（7）在样条线层级将可编辑样条线轮廓设置为"20"。

（8）为设置好轮廓的样条线添加倒角修改器，将"级别1"高度设置为"1"，轮廓设置为"－1"，选中"级别2"复选框，并将"级别2"高度设置为"1.5"，轮廓设置为"－9"。

（9）再次创建相同参数的椭圆，为其添加挤出修改器，将基础数量设置为"5"，并在"输出"栏中选中"面片"单选项。

（10）为挤出的椭圆添加网格平滑修改器。

（11）将平滑后的对象在前视图中向上旋转90度，最后将对象放置在对应的位置即可。

第5章
多边形建模与
石墨建模

多边形建模是3ds Max中使用最多的建模方式，它是将各种几何体转换为可编辑多边形模型后，再通过编辑点、边、多边形、元素、边界创建模型的一种建模方式，也是创建高级模型的重要途径。而石墨建模工具不仅集成了多边形建模的所有功能，还新增加了多种便于建模操作的实用功能，使建模变得更加得心应手，本章将详细介绍使用多边形建模的各种知识和石墨建模的实用功能展示。

063 编辑顶点

多边形的顶点作为多边形组成元素，可对其进行移除、断开、挤出、焊接以及切角等多种编辑操作，通过这些操作即可改变多边形从而达到建模效果。

素材文件	素材\第5章\筒灯\筒灯.max
效果文件	效果\第5章\筒灯\筒灯.max
动画演示	动画\第5章\063.swf

本例先将基本体转换为可编辑多边形，然后对顶点进行编辑操作，从而创建出筒灯模型，其操作步骤如下。

01 打开光盘提供的素材文件"筒灯.max"，在前视图中创建一个圆柱体，将"半径"设置为"50"、"高度"设置为"150"、"高度分段"设置为"5"、"端面分段"设置为"4"，"边数"设置为"64"，如图5-1所示。

02 选中创建好的圆柱体，单击鼠标右键，在弹出的快捷菜单中选择【转换为】/【转换为可编辑多边形】命令，如图5-2所示。

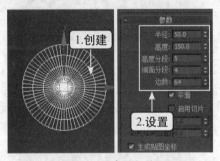

图5-1　创建圆柱体

图5-2　转换为可编辑多边形

03 在修改器堆栈中单击"可编辑多边形"左侧的█按钮，在展开的下拉列表中选择"顶点"层级，如图5-3所示。

04 在顶视图中框选圆柱体从下至上第一排的顶点，如图5-4所示。

图5-3　选择顶点层级

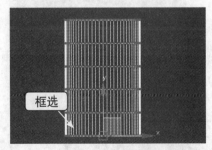

图5-4　框选顶点

05 在前视图中按住【Alt】键以框选的方式减选掉不需要的顶点，只保留选中从内向外第3圈的全部顶点，如图5-5所示。

06 保持选中顶点状态，利用"选择并均匀缩放"工具在前视图中以中心点向外进行均匀缩放，将顶点缩放到如图5-6所示的位置。

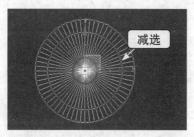

图5-5 减选顶点

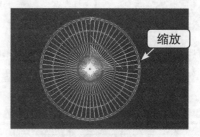

图5-6 缩放顶点

07 在前视图中利用相同的选择方式加选圆柱体从内向外第2圈的全部顶点，如图5-7所示。

08 利用"选择并均匀缩放"工具在前视图中以中心点向外进行均匀缩放，将顶点缩放至如图5-8所示的位置。

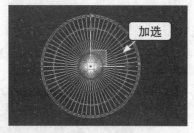

图5-7 加选顶点

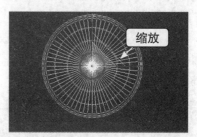

图5-8 缩放顶点

09 在修改器堆栈"可编辑多边形"展开列表中选择"边"层级，如图5-9所示。

10 在前视图中选中圆柱体从外向内第2个圈上任意一条边，然后在修改面板"选择"卷展栏中单击 循环 按钮，如图5-10所示。

图5-9 选择边层级

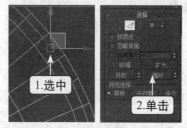

图5-10 循环选择边

11 当边循环选中后，右击鼠标，在弹出的快捷菜单中选择"转换到顶点"命令，如图5-11所示。

12 选中循环边上的所有顶点，利用移动工具在顶视图中沿Y轴向下移动顶点至如图5-12所示的形状。

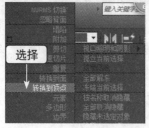

图5-11 选择转换到顶点

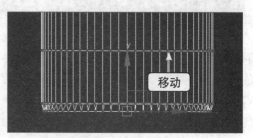

图5-12 移动顶点

⓭ 在前视图中框选圆柱体从内向外第一圈顶点，如图5-13所示。

⓮ 在前视图中利用"选择并均匀缩放"工具以中心点向外均匀缩放，将顶点缩放到如图5-14所示的位置。

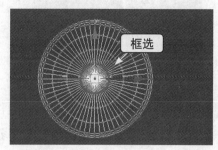
图5-13　框选顶点

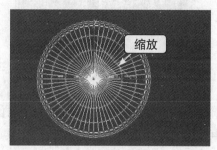
图5-14　缩放顶点

⓯ 保持选中顶点状态，按住【Ctrl】键加选前视图中正中心的单个顶点，如图5-15所示。

⓰ 利用移动工具在顶视图中将选中的顶点沿Y轴向上进行移动，将顶点移动到如图5-16所示的位置。

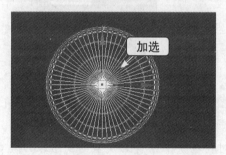
图5-15　加选顶点

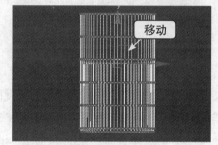
图5-16　移动顶点

⓱ 利用"选择并均匀缩放"工具在顶视图中将移动后的顶点以中心向内进行缩放，将顶点缩放至如图5-17所示的形状。

⓲ 在前视图中选中圆柱体正中心的单个顶点，按【Delete】键将其删除，如图5-18所示。

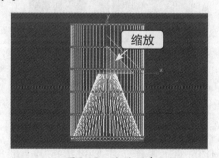
图5-17　缩放顶点

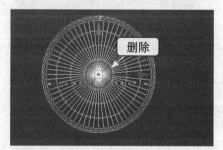
图5-18　删除顶点

⓳ 在前视图中创建管状体，将"半径1"设置为"47"、"半径2"设置为"45"、"高度"设置为"10"、"边数"设置为"64"，如图5-19所示。

⓴ 在前视图与顶视图中将创建好的管状体与圆柱体放置在对应的位置，如图5-20所示。

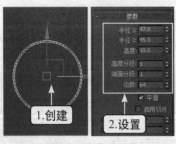

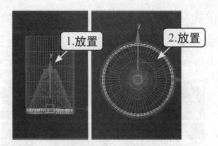

图5-19　创建管状体　　　　　图5-20　放置位置

㉑ 在前视图的圆柱体中心位置创建一个球体，并将半径设置为"14"，如图5-21所示。

㉒ 选中球体，右击鼠标，在弹出的快捷菜单中选择【转换为】/【转换为可编辑多边形】命令，如图5-22所示。

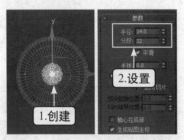

图5-21　创建球体　　　　　图5-22　转换为可编辑多边形

㉓ 进入球体的"顶点"层级，同时在顶视图中框选如图5-23所示的顶点，然后在修改面板"编辑顶点"卷展栏中单击 移除 按钮。

㉔ 在顶视图中将球体放置在相应位置，同时将场景中原有的模型与创建好的模型调整好位置，完成筒灯的创建，如图5-24所示。

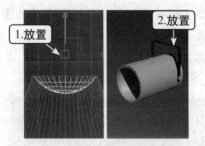

图5-23　移除顶点　　　　　图5-24　放置位置

Example 实例 064 编辑边

边同样是多边形的组成部分，它有着多元化的编辑操作，主要包括挤出、倒角、连接等，熟练运用这些操作，可创建出复杂的多边形对象。

素材文件	无
效果文件	效果\第5章\MP4\MP4.max
动画演示	动画\第5章\064.swf

下面将运用边的挤出、连接、切角操作来打造MP4模型，其操作步骤如下。

01 新建场景。在前视图中创建一个长方体，并将长度、宽度、高度分别设置为"100"、"50"、"5"，如图5-25所示。

02 选中长方体，单击鼠标右键，在弹出的快捷菜单中选择【转换为】/【转换为可编辑多边形】命令，如图5-26所示。

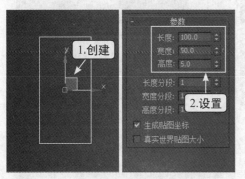

图5-25　创建长方体　　　　　　　　图5-26　转换为可编辑多边形

03 在修改器堆栈中单击"可编辑多边形"左侧的■按钮，在展开的下拉列表中选择"边"层级，如图5-27所示。

04 在透视图中加选到长方体如图5-28所示的边。

图5-27　选择边层级　　　　　　　　图5-28　加选边

05 在修改面板的"编辑边"卷展栏中单击 切角 按钮后面的"设置"按钮■，如图5-29所示。

06 打开"切角"浮动界面，将"边切角量"设置为"2.5"，"连接边分段"设置为"16"，然后单击"确定"按钮☑，如图5-30所示，关闭界面。

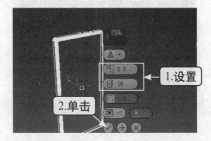

图5-29　单击切角设置按钮　　　　　　图5-30　设置切角参数

07 在顶视图中框选长方体所有的边，然后按住【Alt】键减选掉不需要的边，如图5-31所示。

08 在修改面板的"编辑边"卷展栏中单击 切角 按钮后面的"设置"按钮■，在打开的"切角"浮动界面中将"边切角量"设置为"1"，"连接边分段"设置为"5"，最后单击"确定"按钮☑，如图5-32所示，关闭界面。

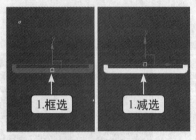

图5-31 框选边

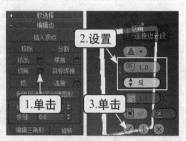

图5-32 边切角

09 在前视图中加选长方体正面最内侧的左右2条边，如图5-33所示。

10 在修改面板的"编辑边"卷展栏中单击 连接 按钮后面的"设置"按钮■，如图5-34所示。

图5-33 加选边

图5-34 单击连接设置按钮

11 打开"连接边"浮动界面，将"分段"设置为"2"、"收缩"设置为"50"、"滑块"设置为"28"，然后单击"应用并继续"按钮⊕，再次将"分段"设置为"2"、"收缩"设置为"90"、"滑块"设置为"0"，最后单击"确定"按钮☑，如图5-35所示，关闭界面。

12 在前视图中加选连接后的4条边，并在修改面板的"编辑边"卷展栏中单击 挤出 按钮后面的"设置"按钮■，如图5-36所示。

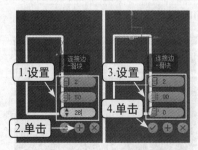

图5-35 连接边

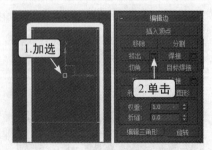

图5-36 单击挤出设置按钮

13 打开"挤出边"浮动界面，将"高度"设置为"-1"，"宽度"设置为"1"，然后单击"确定"按钮☑，如图5-37所示，关闭界面。

14 在修改面板的"编辑边"卷展栏中单击 切角 按钮后面的"设置"按钮■，在打开的

"切角"浮动界面中将"边切角量"设置为"0.8", "连接边分段"设置为"1", 然后单击"确定"按钮，如图5-38所示，关闭界面。

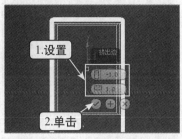

图5-37　挤出边

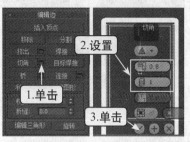

图5-38　边切角

⑮ 在前视图中加选长方体下方矩形框内侧的4条边，然后在修改面板的"编辑边"卷展栏中单击 连接 按钮后面的"设置"按钮，如图5-39所示。

⑯ 打开"连接边"浮动界面，将"分段"设置为"1"后，单击"应用并继续"按钮⊕一次，再单击"确定"按钮，如图5-40所示。

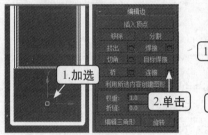

图5-39　单击连接设置按钮

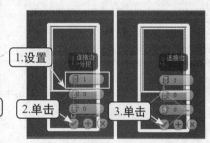

图5-40　连接边

⑰ 在前视图中加选成功连接后的边，然后在修改面板"编辑边"卷展栏中单击 挤出 按钮后面的"设置"按钮，如图5-41所示。

⑱ 在打开的"挤出边"浮动界面中将"高度"设置为"−1", "宽度"设置为"1", 然后单击"应用并继续"按钮⊕，再次将"高度"设置为"−2", "宽度"设置为"0.38", 最后单击"确定"按钮，如图5-42所示。

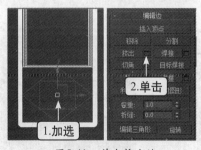

图5-41　单击挤出边

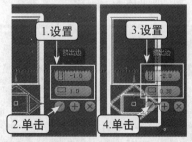

图5-42　挤出边设置

⑲ 在前视图中加选如图5-43所示的边，同时在修改面板"编辑边"卷展栏中单击 切角 按钮后面的"设置"按钮。

⑳ 打开"切角"浮动界面，将"边切角量"设置为"0.5", "连接边分段"设置为"6", 然后单击"确定"按钮，如图5-44所示，即可完成创建。

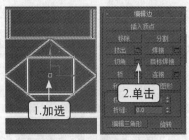

图5-43　单击切角设置按钮

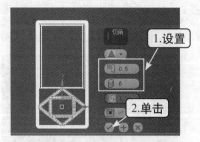

图5-44　切角设置

专家课堂 ||||||||||||||||||||||||||||||||||||||||||||||||||

多边形子层级

在多边形子层级对象中，顶点、边与多边形有着密切的关联关系，每条边都会在2个顶点之间组成，即边可创建顶点，顶点也可连接出边，而每个边与边之间的面则为多边形。只有在了解它们的构成关系后，才能发挥它们的特点，从而创建出复杂的精致模型。

Example 实例 065 编辑边界

在未封闭的多边形对象中，未封闭面孔洞的边缘，即为多边形的边界，该边界的编辑方法与边相同，边界的编辑更适用于对模型的延伸创建。

素材文件	无
效果文件	效果\第5章\旅行杯\旅行杯.max
动画演示	动画\第5章\065.swf

下面通过多边形对象的边界子层级创建出旅行杯模型，其操作步骤如下。

01 新建场景，在顶视图中创建一个圆，并将半径设置为"25"，如图5-45所示。

02 选中圆，单击鼠标右键，在弹出的快捷菜单中选择【转换为】/【转换为可编辑多边形】命令，如图5-46所示。

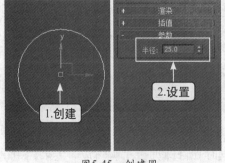

图5-45　创建圆

图5-46　转换为可编辑多边形

03 在修改器堆栈中单击"可编辑多边形"左侧的■按钮，在展开的下拉列表中选择"边界"层级，如图5-47所示。

04 在顶视图中单击圆即可选中边界，选中边界后在修改面板"编辑边界"卷展栏中单击
⬛挤出⬛按钮后面的"设置"按钮⬛，如图5-48所示。

图5-47　选择边界层级　　　　　　　　　图5-48　单击挤出设置按钮

05 打开"挤出边"浮动界面，将"高度"设置为"80"、"宽度"设置为"10"，然
后单击"应用并继续"按钮⬛，再次将"高度"设置为"－3"、"宽度"设置为
"0"，最后单击"应用并继续"按钮⬛，如图5-49所示。

06 在打开的"挤出边"浮动界面中，将"高度"设置为"－3"、"宽度"设置为
"0"，最后单击"确定"按钮，如图5-50所示。

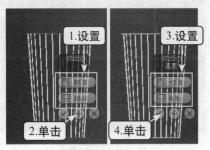

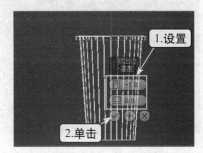

图5-49　挤出边　　　　　　　　　　　　图5-50　挤出边

07 在修改器堆栈"可编辑多边形"展开列表中选择"边"层级，然后在前视图中框选对
象底部的所有边，最后在修改面板"编辑边"卷展栏的"折缝"数值框中输入"1"，
如图5-51所示。

08 退出边层级，选中对象，在"修改器列表"下拉列表框中选择"网格平滑"修改器，
并在修改面板"细分量"卷展栏的"迭代次数"数值框中输入"2"，如图5-52所示。

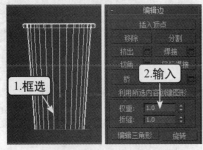

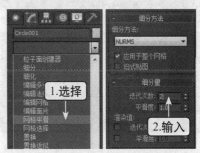

图5-51　设置边折缝　　　　　　　　　　图5-52　选择网格平滑修改器

09 在顶视图中创建一个圆，并将圆半径设置为"30"，如图5-53所示。

10 选中圆，右击鼠标，在弹出的快捷菜单中选择【转换为】/【转换为可编辑多边形】命
令，如图5-54所示。

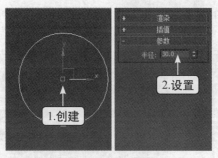

图5-53 创建圆

图5-54 转换为可编辑多边形

⑪ 在修改器堆栈中进入圆的"边界"层级,在前视图中单击圆选中边界,然后在修改面板"编辑边界"卷展栏中单击 挤出 按钮后面的"设置"按钮■,如图5-55所示。

⑫ 在打开的"挤出边"浮动界面中将"高度"设置为"-8"、"宽度"设置为"0",然后单击"应用并继续"按钮⊕,再次将"高度"设置为"-4",最后单击"确定"按钮⊘,如图5-56所示。

图5-55 单击挤出设置按钮

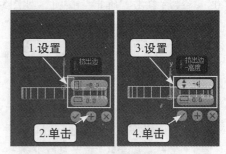

图5-56 挤出边界

⑬ 在修改器堆栈中进入到"边"层级,在透视图中间隔加选对象底部的边,加选方式为每加选4条边,间隔3条边,最终加选如图5-57所示的边。

⑭ 在修改面板"编辑边"卷展栏中单击 挤出 按钮后面的"设置"按钮■,在打开的"挤出边"浮动界面中将"高度"设置为"20",然后单击"确定"按钮,如图5-58所示。

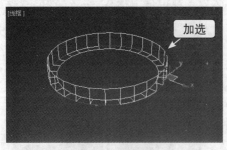

图5-57 加选边

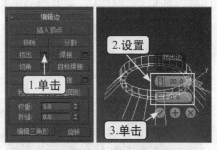

图5-58 挤出边

⑮ 在透视图中利用"选择并均匀缩放"工具沿中心向内进行均匀缩放,将挤出的边缩放至如图5-59所示的形状。

⑯ 保持选中缩放边状态,右击鼠标,在弹出的快捷菜单中选择"转换到顶点"命令,如图5-60所示。

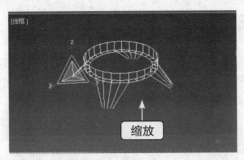

图5-59 缩放边

图5-60 转换到顶点

⓱ 利用"选择并均匀缩放"工具在透视图中沿中心向内进行均匀缩放,将顶点缩放至如图5-61所示的形状。

⓲ 退出顶点层级,在"修改器列表"下拉列表框中选择"网格平滑"修改器,并在修改面板"细分量"卷展栏的"迭代次数"数值框中输入"3",如图5-62所示。

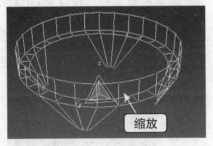

图5-61 缩放顶点

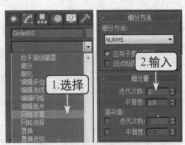

图5-62 选择网格平滑修改器

⓳ 在顶视图与前视图中将平滑后的对象与之前创建好的对象放置在对应的位置,如图5-63所示。

⓴ 在前视图中框选放置好的2个对象,然后在"修改器列表"下拉列表框中选择"壳"修改器,并在修改面板"参数"卷展栏的"内部量"数值框中输入"0.1",如图5-64所示,完成创建。

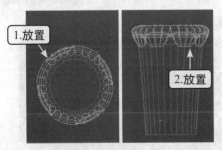

图5-63 放置位置

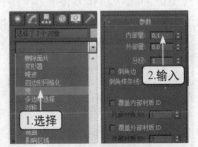

图5-64 选择壳修改器

专家课堂

边折缝的作用

当在对多边形对象添加平滑类修改器时,需要降低对象某处的平滑效果或者不让其产生平滑效果,可选中要编辑对象的边,在修改面板"编辑边"卷展栏的"折缝"数值框中输入数值来进行控制,数值越高平滑效果越低,当数值为1时几乎不会产生平滑效果。

在多边形对象中由2条边分割出的面对象，叫作多边形。使用多边形编辑对象时，可在对象中任意进行插入、挤出、倒角等操作，熟练使用多边形层级的编辑操作，可以更好地运用多边形建模这一功能。

素材文件	无
效果文件	效果\第5章\欧式卧室门\欧式卧室门.max
动画演示	动画\第5章\066.swf

下面通过编辑对象的多边形层级，创建出欧式卧室门模型，其操作步骤如下。

01 新建场景。在前视图中创建切角长方体，将长度、宽度、高度分别设置为"2100"、"900"、"100"，"圆角"设置为"5"，如图5-65所示。

02 选中切角长方体，单击鼠标右键，在弹出的快捷菜单中选择【转换为】/【转换为可编辑多边形】命令，如图5-66所示。

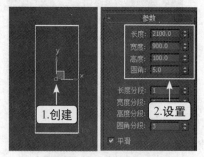

图5-65　创建切角长方体

图5-66　转换为可编辑多边形

03 在修改器堆栈中单击"可编辑多边形"左侧的■按钮，在展开的下拉列表中选择"边"层级，如图5-67所示。

04 在前视图中加选切角长方体正面内侧左右两条竖边，然后在修改面板"编辑边"卷展栏中单击 连接 按钮后面的"设置"按钮■，如图5-68所示。

图5-67　选择边层级

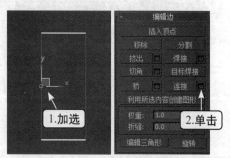

图5-68　单击连接设置按钮

05 打开"连接边"浮动界面，将"分段"设置为"3"，然后单击"确定"按钮✓，如图5-69所示。

06 在修改器堆栈的"可编辑多边形"展开列表中选择"多边形"层级，如图5-70所示。

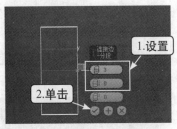

图5-69　连接边　　　　　图5-70　选择多边形层级

07 在前视图中按住【Ctrl】键加选切角长方体正面的4个多边形，如图5-71所示。

08 保持加选多边形状态，在修改面板"编辑多边形"卷展栏中单击 插入 按钮后面的"设置"按钮■，如图5-72所示。

图5-71　加选多边形　　　　图5-72　单击插入设置按钮

09 在打开的"插入"浮动界面中单击■▼按钮，在展开的下拉列表中选择"按多边形"选项，如图5-73所示。

10 在浮动界面中将"数量"设置为"120"，然后单击"确定"按钮☑，如图5-74所示。

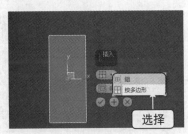
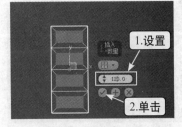

图5-73　选择按多边形插入　　　图5-74　插入多边形

11 保持选中插入多边形状态，在修改面板"编辑多边形"卷展栏中单击 倒角 按钮后面的"设置"按钮■，如图5-75所示。

12 打开"倒角"浮动界面，将"高度"设置为"−10"，"轮廓"设置为"−20"，然后单击"应用并继续"按钮■，如图5-76所示。

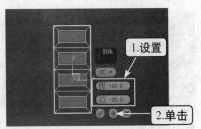

图5-75　单击倒角设置按钮　　　图5-76　倒角多边形

⓭ 在浮动界面中将"高度"设置为"－10"，"轮廓"设置为"－20"，然后单击"确定"按钮☑，如图5-77所示。

⓮ 保持选中倒角多边形状态，在修改面板"编辑多边形"卷展栏中单击 挤出 按钮后面的"设置"按钮■，如图5-78所示。

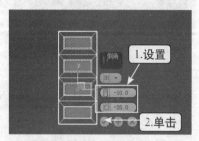
图5-77　倒角多边形

图5-78　单击挤出设置按钮

专家课堂

扩大与收缩选择

　　为了方便对多边形的选择操作，在多边形层级"选择"卷展栏中提供了 收缩 和 扩大 按钮，通过它们可分别沿当前选中多边形法线向外或向内进行延伸与减少选择。

⓯ 打开"挤出"浮动界面，将"高度"设置为"20"，然后单击"确定"按钮☑，如图5-79所示。

⓰ 进入可编辑多边形的"边"层级，在前视图中加选如图5-80所示的边。

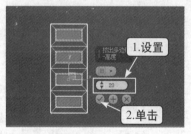
图5-79　挤出多边形

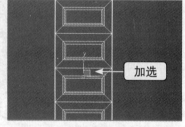
图5-80　加选边

⓱ 保持加选边的状态，在修改面板"选择"卷展栏中单击 循环 按钮，将加选的边进行循环加选，如图5-81所示。

⓲ 在修改面板"编辑边"卷展栏中单击 挤出 按钮后面的"设置"按钮■，如图5-82所示。

图5-81　循环加选边

图5-82　单击挤出设置按钮

⑲ 在打开的"挤出边"浮动界面中将"高度"和"宽度"都设置为"10"，然后单击"确定"按钮☑，如图5-83所示。

⑳ 保持选中挤出边状态，继续在修改面板"编辑边"卷展栏中单击 切角 按钮后面的"设置"按钮■，如图5-84所示。

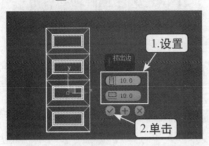

图5-83　挤出边

图5-84　单击切角设置按钮

㉑ 打开"切角"浮动界面，将"边切角量"设置为"20"，"连接边分段"设置为"10"，然后单击"确定"按钮☑，如图5-85所示。

㉒ 在前视图中加选如图5-86所示的边。

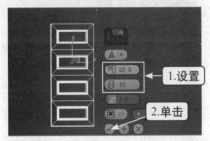

图5-85　边切角

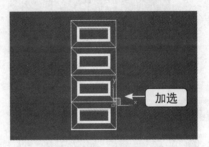

图5-86　加选边

㉓ 保持加选边的选中状态，在修改面板"选择"卷展栏中单击 环形 按钮，将加选到的边以环形方式再次加选，如图5-87所示。

㉔ 在修改面板"编辑边"卷展栏中单击 连接 按钮后面的"设置"按钮■，如图5-88所示。

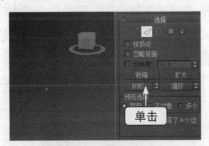

图5-87　加选环形边

图5-88　单击连接设置按钮

㉕ 在打开的"连接边"浮动界面中将"连接边分段"设置为"1"，然后单击"确定"按钮☑，如图5-89所示。

㉖ 在修改面板"编辑边"卷展栏中单击 挤出 按钮后面的"设置"按钮■，如图5-90所示。

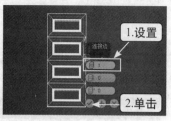 

图5-89　连接边　　　　　图5-90　单击挤出设置按钮

㉗ 打开"挤出边"浮动界面，将"高度"设置为"－20"、"宽度"设置为"20"，然后单击"确定"按钮，如图5-91所示。

㉘ 在修改面板"编辑边"卷展栏中单击 切角 按钮后面的"设置"按钮，在打开的"切角"浮动界面中将"边切角量"设置为"35"，"连接边分段"设置为"10"，然后单击"确定"按钮，如图5-92所示，即可完成模型的创建。

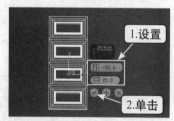 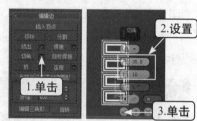

图5-91　挤出边　　　　　图5-92　边切角

Example 实例 **067 编辑几何体**

在多边形的子层级下，修改面板会出现"编辑几何体"卷展栏，该卷展栏为多边形的子层级对象添加了创建功能，同时在不同的子层级对象下也会有不同的功能命令。

素材文件	无
效果文件	效果\第5章\软包\软包.max
动画演示	动画\第5章\067.swf

下面将通过编辑几何体卷展栏上的创建功能来创建软包模型，其操作步骤如下。

① 新建场景。在前视图中创建一个长方体，将长度、宽度、高度分别设置为"80"、"140"、"10"，如图5-93所示。

② 选中长方体，单击鼠标右键，在弹出的快捷菜单中选择【转换为】/【转换为可编辑多边形】命令，如图5-94所示。

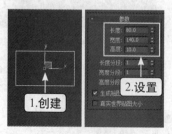 

图5-93　创建长方体　　　图5-94　转换为可编辑多边形

03 选中长方体，在修改面板"编辑几何体"卷展栏中单击 `细化` 按钮2次，如图5-95所示。

04 在修改面板"编辑几何体"卷展栏中单击 `细化` 按钮后面的"设置"按钮，如图5-96所示。

图5-95 双击细化按钮

图5-96 单击细化设置按钮

 专家课堂

多边形的附加

　　当需要将多个多边形对象进行整体编辑时，可任意选中其中一个对象，在修改面板"几何体"卷展栏中单击 `附加` 按钮，然后再单击其余对象，即可附加成为一个多边形对象。

05 打开"细化"浮动界面，在浮动界面中单击 按钮，在展开的下拉列表中选择"面"选项，然后单击"确定"按钮，如图5-97所示。

06 进入多边形层级，在前视图中加选长方体正面的所有多边形，如图5-98所示。

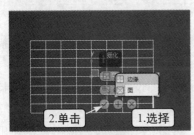
图5-97 细化面

图5-98 加选多边形

07 保持加选多边形的选中状态，在修改面板"编辑多边形"卷展栏中单击 `倒角` 按钮后面的"设置"按钮，如图5-99所示。

08 打开"倒角"浮动界面，在对话框中单击 按钮，在展开的下拉列表中选择"按多边形"选项，如图5-100所示。

图5-99 单击倒角设置按钮

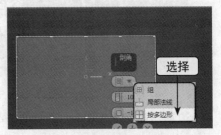
图5-100 选择按多边形倒角

09 在浮动界面中将"高度"设置为"2", "轮廓"设置为"－1", 然后单击"确定"按钮✔, 如图5-101所示。

10 在修改面板"编辑几何体"卷展栏中单击 网格平滑 按钮3次, 如图5-102所示, 即可完成模型的创建。

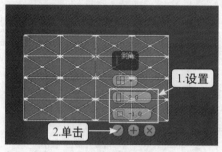

图5-101 倒角多边形

图5-102 平滑多边形

Example 实例 **068 石墨建模工具生成拓扑**

石墨建模工具中的生成拓扑功能, 可将多边形对象的网格细分重组为按过程生成的图案。此外, 在拓扑工具中还提供了多种可供选择的图案, 通过这些图案能快速地对多边形网格进行重置。

素材文件	无
效果文件	效果\第5章\棱形地砖\棱形地砖.max
动画演示	动画\第5章\068.swf

下面将通过生成拓扑工具来重置多边形网格, 从而创建出菱形地砖模型, 其操作步骤如下。

01 新建场景。在顶视图中创建出平面, 将长度、宽度都设置为"3000", 并保持默认的"长度分段"与"宽度分段"设置, 如图5-103所示。

02 选中平面, 在工具栏中单击"建模"选项卡, 然后单击 多边形建模 按钮, 在弹出的"多边形建模"面板中单击 转化为多边形 按钮, 如图5-104所示。

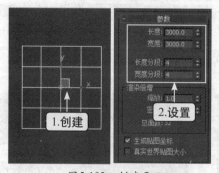

图5-103 创建平面

图5-104 单击转换为多边形按钮

03 在"多边形建模"面板中单击 生成拓扑 按钮, 如图5-105所示。

04 打开"拓扑"对话框, 在对话框中单击"边方向"图形按钮▨, 如图5-106所示。

图5-105　单击生成拓扑按钮　　　　图5-106　单击边方向图形按钮

05 在"多边形建模"面板中单击"边"层级按钮 ▦ 进入边层级，如图5-107所示。

06 在顶视图中框选所有的边，然后在"建模"选项卡中单击 ▦ 面板按钮，如图5-108所示。

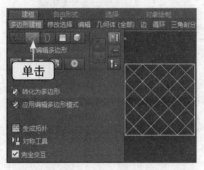 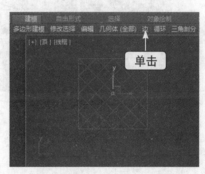

图5-107　单击边层级按钮　　　　图5-108　单击边面板按钮

07 在弹出的"边"面板中单击 ▦ 按钮，然后在弹出的下拉列表中单击 ▦挤出设置 按钮，如图5-109所示。

08 在打开的"挤出边"对话框中将"高度"设置为"15"、"宽度"设置为"2"，然后单击"确定"按钮 ☑，如图5-110所示，完成创建。

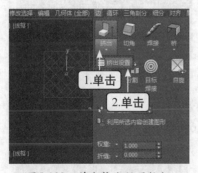 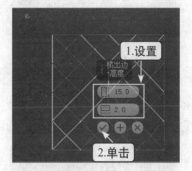

图5-109　单击挤出设置按钮　　　　图5-110　挤出边

Example 实例 069 石墨建模工具的修改选择面板

石墨建模工具的修改选择面板是用于增加和减少子对象选择的一般工具以及有关"循环"和"环"的工具，使用修改选择面板能快速地选择并加选到多边形对象的子层级对象，从而提高了建模效率。

素材文件	无
效果文件	效果\第5章\中式吸顶灯\中式吸顶灯.max
动画演示	动画\第5章\069.swf

下面通过修改选择面板中的选择工具，创建出中式吸顶灯模型，其操作步骤如下。

01 新建场景。在顶视图中创建长方体，将长度、宽度、高度分别设置为"400"、"400"、"100"，如图5-111所示。

02 选中长方体，在工具栏中单击"建模"选项卡，然后单击 多边形建模 按钮，在弹出的"多边形建模"面板中单击 转化为多边形 按钮，如图5-112所示。

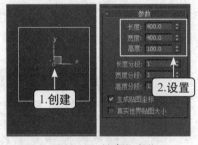

图5-111 创建长方体　　　　图5-112 单击转换为多边形按钮

03 在"多边形建模"面板中单击"多边形"层级按钮□进入多边形层级，如图5-113所示。

04 在透视图中依次选中长方体上面的多边形和底部的多边形，然后按【Delete】键将其删除，保留四周的多边形，如图5-114所示。

图5-113 单击多边形层级按钮　　　　图5-114 删除多边形

05 在"多边形建模"面板中单击"边"层级按钮■进入边层级，如图5-115所示。

06 在前视图中选中长方体上方的边，如图5-116所示。

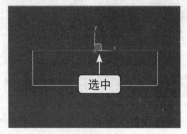

图5-115 单击边层级按钮　　　　图5-116 选中边

07 保持选中边状态，在"建模"选项卡中单击 修改选择 按钮，在弹出的"修改选择"面板中单击 循环 按钮，如图5-117所示。

08 在"修改选择"面板中单击 环 按钮，如图5-118所示。

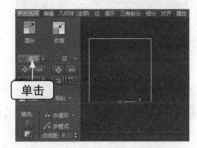

图5-117　单击循环按钮

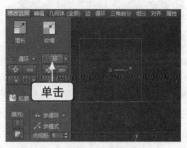

图5-118　单击环按钮

09 在"建模"选项卡中单击 循环 面板按钮，在弹出的"循环"面板中单击 按钮，再在弹出的下拉列表中单击 连接设置 按钮，如图5-119所示。

10 在打开的"连接边"对话框中将"分段"设置为"2"、"收缩"设置为"30"，然后单击"确定"按钮 ，如图5-120所示。

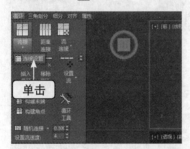

图5-119　单击连接设置按钮

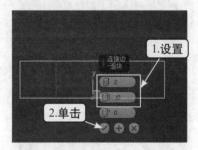

图5-120　连接边

11 在"多边形建模"面板中单击"多边形"层级按钮 ，进入多边形层级，在前视图中框选出长方体中所有多边形，如图5-121所示。

12 在"建模"选项卡中单击 多边形 面板按钮，在弹出的"多边形"面板中单击 按钮，再在弹出的下拉列表中单击 插入设置 按钮，如图5-122所示。

图5-121　框选多边形

图5-122　单击插入设置按钮

13 在打开的"插入"浮动界面中单击 按钮，在展开的下拉列表中选择"按多边形"选项，如图5-123所示。

14 在"插入"浮动界面中将"数量"设置为"10"，然后单击"确定"按钮 ，如图5-124所示。

图5-123　按多边形插入

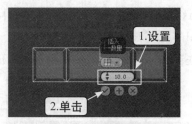

图5-124　插入多边形

⑮ 在"多边形"面板中单击 按钮，在弹出的下拉列表中单击 挤出设置 按钮，如图5-125所示。

⑯ 在打开的"挤出多边形"浮动界面中将"高度"设置为"－10"，然后单击"确定"按钮，如图5-126所示。

图5-125　单击挤出设置按钮

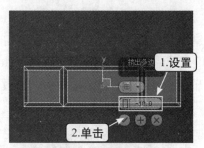

图5-126　挤出多边形

⑰ 在前视图中选中中间的多边形，如图5-127所示。

⑱ 在"修改选择"面板中单击 相似 按钮，如图5-128所示。

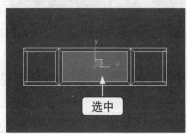

图5-127　选中多边形

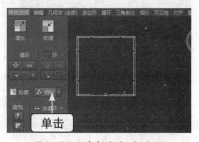

图5-128　选择相似多边形

⑲ 在"建模"选项卡中单击 几何体 (全部) 面板按钮，在弹出的"几何体（全部）"面板中单击"分离"按钮，如图5-129所示。

⑳ 打开"分离"对话框，并在"分离为"文本框中输入"对象1"，然后单击 确定 按钮，如图5-130所示。

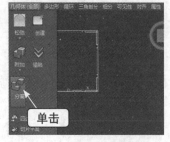

图5-129　单击分离按钮

图5-130　命名分离对象

㉑ 在前视图中选中右方的多边形，如图5-131所示。

㉒ 在"修改选择"面板中单击 相似 按钮，然后在"几何体（全部）"面板中单击"分离"按钮，在打开的"分离"对话框中的"分离为"文本框中输入"对象2"，最后单击 确定 按钮，如图5-132所示。

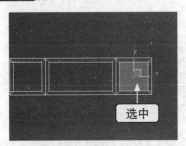

图5-131 选中多边形

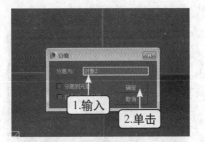

图5-132 命名分离对象

专家课堂

点环

使用"修改选择"面板中的"点环"按钮，可在边层级下对多边形对象环形边进行间隔加选，在面板中的"点距离"数值框中输入数值，还可以控制加选间隔的数量。

㉓ 在透视图中选中分离出的"对象1"，然后在"多边形建模"面板中单击"边"层级按钮，最后在透视图中选中如图5-133所示的边。

㉔ 在"修改选择"面板中单击 相似 按钮，如图5-134所示。

图5-133 选中边

图5-134 单击相似按钮

㉕ 保持加选中相似边状态，在"循环"面板中单击按钮，在弹出的下拉列表中单击 连接设置 按钮，然后在打开的"连接边"浮动界面中将"分段"设置为"7"，并单击"应用并继续"按钮一次，最后单击"确定"按钮，如图5-135所示。

㉖ 退出边层级，在"多边形建模"面板中单击 生成拓扑 按钮，在打开的"拓扑"对话框中单击"四边形"图形按钮，如图5-136所示。

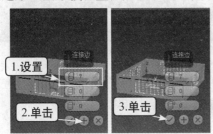

图5-135 连接边

图5-136 单击四边形图形按钮

㉗ 在"多边形建模"面板中进入"多边形"层级,在前视图中框选分离出的"对象1"中的所有多边形,如图5-137所示。

㉘ 在"多边形"面板中单击"插入"按钮▦,在弹出的下拉列表中单击▦插入设置按钮,打开"插入"浮动界面,以"按多边形"的方式将插入"数量"设置为"2",然后单击"确定"按钮☑,如图5-138所示。

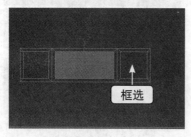

图5-137 框选多边形

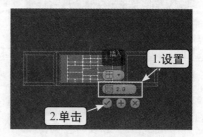

图5-138 插入多边形

㉙ 在插入完多边形后按【Delete】键将插入的多边形删除,如图5-139所示。

㉚ 退出多边形层级,选中分离出的"对象2",在"多边形建模"面板中单击"边"层级按钮▦,进入边层级,然后在前视图中横向框选"对象2"的所有竖边,如图5-140所示。

图5-139 删除多边形

图5-140 框选边

㉛ 在"循环"面板中单击▦按钮,在弹出的下拉列表中单击▦连接设置按钮,打开"连接边"浮动界面,将"分段"设置为"3",然后单击"确定"按钮☑,如图5-141所示。

㉜ 在"边"面板中单击"切角"按钮▦,在弹出的下拉列表中单击▦切角设置按钮,打开"切角"浮动界面,将"边切角量"设置为"5","连接边分段"设置为"1",然后单击"确定"按钮☑,如图5-142所示。

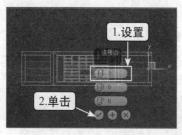

图5-141 连接边

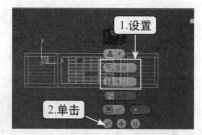

图5-142 边切角

㉝ 在"多边形建模"面板中单击"多边形"按钮▦,进入多边形层级,在透视图中分别加选如图5-143所示的多边形,并按【Delete】键将其删除。

㉞ 退出多边形层级,在透视图中加选分离出的2个对象,在"修改器列表"下拉列表框中选择"壳"修改器,并在修改面板"参数"卷展栏中将"内部量"设置为"2","外

部量"设置为"0",如图5-144所示。

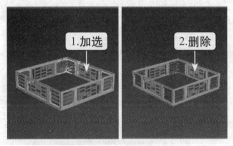
图5-143 删除多边形

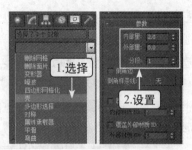
图5-144 添加壳修改器

35 在透视图中选中长方形对象,在"多边形建模"面板中单击"边界"按钮 ,进入边界层级,然后选中长方形上方的边界,并在"几何体(全部)"面板中单击"封口多边形"按钮 ,如图5-145所示。

36 在顶视图中创建一个长方体,将长度、宽度、高度分别设置为"380"、"370"、"30",将创建好的长方体放置到如图5-146所示的位置,完成创建。

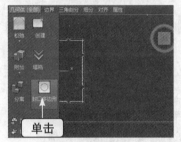
图5-145 封口多边形

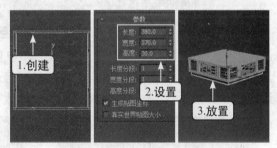
图5-146 创建、放置长方体

现学现用 创建水龙头模型

本章主要介绍了通过多边形对象子层级的编辑来创建模型与石墨建模工具的编辑操作,涉及的知识点包括编辑顶点、编辑边、编辑边界、编辑多边形、编辑几何体,以及石墨建模工具的生成拓扑与修改选择面板等。下面通过创建水龙头模型,综合巩固本章所讲解的重点内容,本范例将着重练习多边形顶点、边、多边形、边界子层级对象的编辑操作,具体流程如图5-147所示。

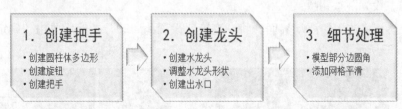
图5-147 操作流程示意图

素材文件	无
效果文件	效果\第5章\水龙头.max
动画演示	动画\第5章\5-1.swf、5-2.swf、5-3.swf

1. 创建把手

下面先将圆柱体转换为可编辑多边形，然后通过多边形层级与边界层级的编辑创建水龙头的把手，其操作步骤如下。

01 新建场景。在顶视图中创建圆柱体，将圆柱体"半径"设置为"20"、"高度"设置为"180"、"高度分段"设置为"15"、"边数"设置为"10"，如图5-148所示。

02 选中圆柱体，单击鼠标右键，在弹出的快捷菜单中选择【转换为】/【转换为可编辑多边形】命令，如图5-149所示。

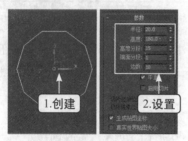
图5-148 创建圆柱体

图5-149 转换为可编辑多边形

03 在修改器堆栈中单击"可编辑多边形"左侧的█按钮，在展开的下拉列表中选择"多边形"层级，如图5-150所示。

04 在透视图中选中圆柱体顶部的多边形，并在修改面板"编辑多边形"卷展栏中单击█插入█按钮后面的"设置"按钮█，如图5-151所示。

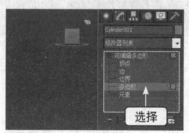
图5-150 选择多边形层级

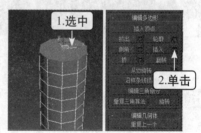
图5-151 单击插入设置按钮

05 打开"插入"浮动界面，将"数量"设置为"2"，然后单击"确定"按钮█，如图5-152所示。

06 保持选中插入后的多边形，继续在修改面板"编辑多边形"卷展栏中单击█挤出█按钮后面的"设置"按钮█。

07 打开"挤出多边形"浮动界面，将"高度"设置为"20"，然后单击"确定"按钮█，如图5-153所示。

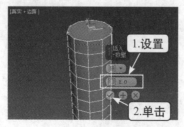
图5-152 插入多边形

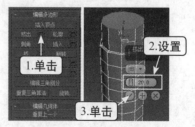
图5-153 挤出多边形

08 按【Delete】键删除选中的挤出多边形，在修改器堆栈中的"可编辑多边形"展开列表中选择"边界"层级，如图5-154所示。

09 在透视图中选中删除多边形后的边界，在修改面板"编辑边界"卷展栏中单击 挤出 按钮后面的"设置"按钮▦，如图5-155所示。

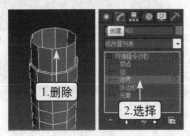
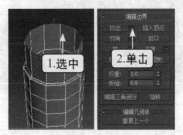

图5-154　删除多边形　　　　　　　　图5-155　单击挤出设置按钮

10 打开"挤出边"浮动界面，将"高度"设置为"5"，然后单击"应用并继续"按钮⊕，继续将"高度"设置为"15"，然后单击"确定"按钮✓，如图5-156所示。

11 在浮动界面中将"高度"设置为"－5"，然后单击"应用并继续"按钮⊕，再次将"高度"设置为"－30"，最后单击"确定"按钮✓，如图5-157所示。

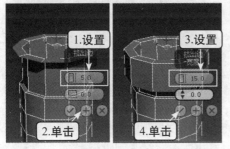
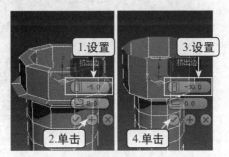

图5-156　挤出边界　　　　　　　　　图5-157　挤出边界

12 保持选中挤出后的边界，在修改面板"编辑边界"卷展栏中单击 封口 按钮将边界封口，如图5-158所示。

13 在修改器堆栈中的"可编辑多边形"展开列表中选择"边"层级，利用循环工具在透视图中加选如图5-159所示的边，然后在修改面板"编辑边"卷展栏中单击 连接 按钮后面的"设置"按钮▦。

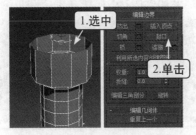
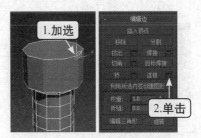

图5-158　边界封口　　　　　　　　　图5-159　单击连接设置按钮

14 在打开的"连接边"浮动界面中将"分段"设置为"2"，"收缩"设置为"40"，然后单击"确定"按钮，如图5-160所示。

⑮ 进入多边形层级，在透视图中选中中间的多边形，在修改面板"编辑多边形"卷展栏中单击 插入 按钮后面的"设置"按钮█，如图5-161所示。

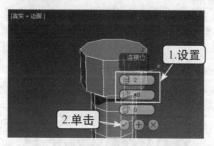
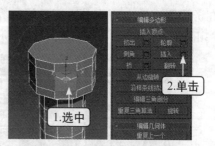

图5-160　连接边　　　　　图5-161　单击插入设置按钮

⑯ 打开"插入"浮动界面，将"数量"设置为"3"，然后单击"确定"按钮█，如图5-162所示。

⑰ 保持选中插入的多边形，在修改面板"编辑多边形"卷展栏中单击 挤出 按钮后面的"设置"按钮█，在打开"挤出多边形"浮动界面中将"高度"设置为"90"，然后单击"确定"按钮█，如图5-163所示，完成把手的创建。

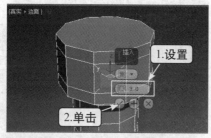
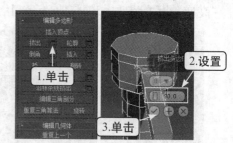

图5-162　插入多边形　　　　图5-163　挤出多边形

2. 创建龙头

下面先挤出多边形、插入多边形，然后再通过顶点的调整创建出水龙头部分，其操作步骤如下。

① 保持在多边形层级状态，在透视图中加选如图5-164所示的四面体多边形，然后在修改面板"编辑多边形"卷展栏中单击 挤出 按钮后面的"设置"按钮█。

② 在打开的"挤出多边形"浮动界面中，将"高度"设置为"20"，然后单击"应用并继续"按钮█7次后再单击"确定"按钮█，如图5-165所示。

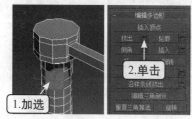
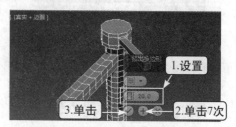

图5-164　单击挤出设置按钮　　　图5-165　挤出多边形

③ 进入顶点层级，在顶视图中框选挤出多边形中间的横排顶点，然后利用移动工具将其调节平整，如图5-166所示。

04 在前视图中利用移动工具调整顶点，将水龙头调节成弯曲状，如图5-167所示。

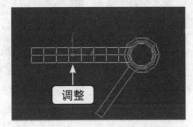

图5-166　调整顶点

图5-167　调整顶点

05 进入多边形层级，在透视图中加选水龙头出水口的多边形，在修改面板"编辑多边形"卷展栏中单击 插入 按钮后面的"设置"按钮■，如图5-168所示。

06 打开"插入"浮动界面，将"数量"设置为"2"，然后单击"确定"按钮☑，如图5-169所示。

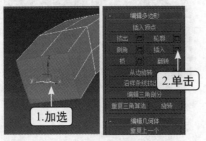

图5-168　单击插入设置按钮

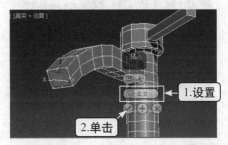

图5-169　插入多边形

07 保持选中插入的多边形，在修改面板"编辑多边形"卷展栏中单击 挤出 按钮后面的"设置"按钮■，在打开的"挤出多边形"浮动界面中将"高度"设置为"−20"，然后单击"确定"按钮☑，如图5-170所示。

08 进入顶点层级，利用移动工具调节好向内挤出的多边形顶点位置，如图5-171所示，完成水龙头的创建。

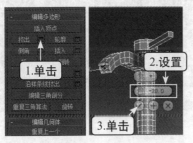

图5-170　挤出多边形

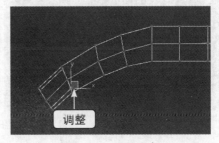

图5-171　调整顶点

3. 细节处理

下面先将模型部分的边进行切角操作，再为其添加网格平滑修改器，完成模型的创建，其操作步骤如下。

01 进入边层级，在透视图中分别加选如图5-172所示的边。

02 保持加选边的选择状态，在修改面板"编辑边"卷展栏中单击 切角 按钮后面的"设置"按钮■，如图5-173所示。

图5-172　加选边　　　　　　　图5-173　单击切角设置按钮

03 打开"切角"浮动界面，将"边切角量"设置为"0.2"，然后单击"确定"按钮☑，如图5-174所示。

04 退出边层级，在"编辑几何体"卷展栏中单击 网格平滑 按钮2次，如图5-175所示。

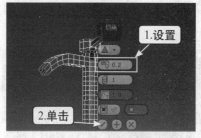 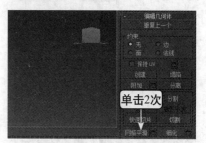

图5-174　边切角　　　　　　　图5-175　平滑对象

提高练习1 创建现代茶几模型

　　本练习通过对多边形对象使用边切角、移动、多边形插入、挤出等命令进行编辑，最终创建出现代茶几模型，其最终效果如图5-176所示。

素材文件	无
效果文件	效果/第5章/现代茶几.max

 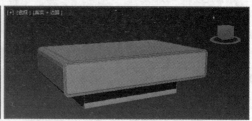

图5-176　现代茶几效果图

　　练习提示：

　　（1）在顶视图中创建长方体，将长度、宽度、高度分别设置为"500"、"800"、"150"，并将其转换为可编辑多边形。

　　（2）在边层级对横向的4个边角执行切角命令。

　　（3）在顶部的多边形中插入2次数量为"4"的多边形。

　　（4）循环选中第一次插入的多边形的所有边，利用移动工具向下移动，并执行切角命令。

（5）在正面多边形中插入2次数量为"4"的多边形。

（6）循环选中正面第一次插入的多边形所有的边，利用移动工具向内移动，并执行切角命令。

（7）选中底部的多边形并插入数量为"100"的多边形，然后将其挤出"100"。

提高练习2　创建现代花瓶

本练习主要使用石墨建模完成多边形创建，重点熟悉修改选择面板中的选择功能，包括环、循环、点环、相似等。利用这些选择功能快速准确地选择子层级，然后再通过编辑创建出现代花瓶模型，最终效果如图5-177所示。

素材文件	无
效果文件	效果/第5章/现代花瓶.max

图5-177　现代花瓶

练习提示：

（1）在顶视图中创建圆柱体，将半径设置为"50"、高度设置为"350"、高度分段设置为"5"，并将其转换为可编辑多边形。

（2）利用缩放工具依次缩放圆柱体横向的边，调节出花瓶的基本形状。

（3）利用修改选择面板的"环"、"循环"工具选中圆柱体横向的所有边，并执行连接命令，连接出2条边后利用缩放工具将连接出的边向外缩放。

（4）利用循环配合点环工具选中圆柱体竖向内凹的所有边，并执行默认参数的切角命令。

（5）利用相似工具选中圆柱体底部的循环边，并执行默认参数的切角命令。

（6）将圆柱体顶部的多边形删除，将删除位置的边界向内进行缩放克隆，同时将克隆后的边界向内移动。

（7）最后为其添加网格平滑命令，完成创建。

第6章
材质与贴图的创建

　　材质指的是模型自身具备的物理属性，如陶瓷材质在后期渲染场景时，反映出来的就是现实中类似陶瓷的质感，而贴图则主要是指模型反映出来的纹理效果，如木地板上的木纹、墙纸上的花纹，这些对象在3ds Max 2015中都是通过贴图来实现的。本章将介绍为模型添加各种材质与贴图的方法，使模型更接近于现实中的物体。

Example 实例 070 材质球的基本管理

材质球是为模型应用材质和贴图的唯一工具，打开材质编辑器即可对材质球进行编辑，将编辑好的材质球赋予模型，即可对模型添加材质效果。

素材文件	素材\第6章\欧式抽屉\欧式抽屉.max
效果文件	效果\第6章\欧式抽屉\欧式抽屉.max
动画演示	动画\第6章\070.swf

下面以对材质球进行命名、设置显示数量、添加材质、应用到模型等基本操作为例，介绍材质球的管理和使用方法，其操作步骤如下。

01 打开光盘提供的素材文件"欧式抽屉.max"，在工具栏中单击"材质编辑器"按钮 ，如图6-1所示。

02 打开"材质编辑器"对话框，单击鼠标选中第一个材质球，此时该材质球方格外框的白色边线会加粗显示，如图6-2所示。

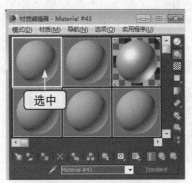

图6-1　单击"材质编辑器"按钮　　　　　　　图6-2　选中材质球

03 保持材质球的选中状态，在其上单击鼠标右键，在弹出的快捷菜单中选择"6×4示例窗"命令，如图6-3所示。

04 在"材质名称"下拉列表框中输入"抽屉材质"，如图6-4所示。

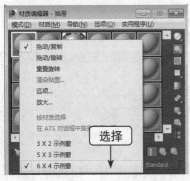
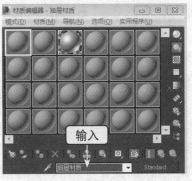

图6-3　设置示例框显示数量　　　　　　　　图6-4　材质球命名

05 在对话框左侧单击"背景"工具按钮 ，取消材质球示例窗的背景效果，这样可以更好地观察具有透明属性的材质，如图6-5所示。

06 在透视图中选中场景中原有的抽屉（大）模型对象，如图6-6所示。

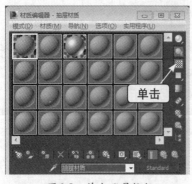

图6-5　单击背景按钮

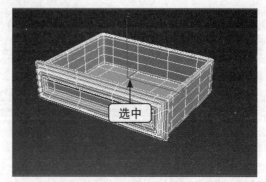

图6-6　选中场景对象

07 在"材质编辑器"对话框中单击"将材质指定给选定对象"按钮，再单击"视口中显示明暗处理材质"按钮，此时即可将材质赋予给场景中的对象，并在场景中显示，如图6-7所示。

08 在对话框中选中第2个新的材质球，然后单击"从对象拾取材质"按钮，再单击透视图场景中原有的抽屉（小）模型即可吸取到该模型的材质，通过对吸取到的材质进行更改，场景中的材质也会同步变化，如图6-8所示。

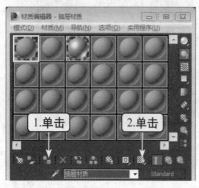

图6-7　将材质赋予到对象上

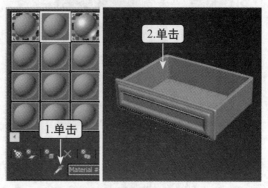

图6-8　拾取材质

Example 实例 071 Blinn材质

Blinn材质是标准材质的默认明暗器类型，它主要通过光滑的方式渲染模型的表面，也可根据参数的调整调节出多种材质类型。

素材文件	素材\第6章\创意花瓶\创意花瓶.max
效果文件	效果\第6章\创意花瓶\创意花瓶.max
动画演示	动画\第6章\071.swf

下面以使用Blinn材质调节出表面光滑的陶瓷材质，并赋予对象和渲染为例，介绍Blinn材质的使用方法，其操作步骤如下。

01 打开光盘提供的素材文件"创意花瓶.max"，在工具栏中单击"材质编辑器"按钮，打开"材质编辑器"对话框，选中第1个材质球，如图6-9所示。

02 在"明暗器基本参数"卷展栏的下拉列表框中选择"Blinn"选项，如图6-10所示。

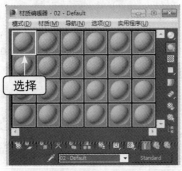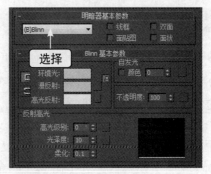

图6-9　选择材质球　　　　图6-10　选择Blinn材质

03 在对话框的"Blinn基本参数"卷展栏中单击"漫反射"颜色条，如图6-11所示。

04 打开"颜色选择器"对话框，拖动"白度"颜色条中的滑块至最下方，将颜色设置为纯白色，然后单击 确定(O) 按钮，如图6-12所示。

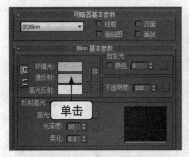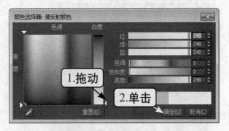

图6-11　单击漫反射颜色条　　　　图6-12　设置颜色

05 在"Blinn基本参数"卷展栏的"反射高光"栏中将"高光级别"设置为"70"，"光泽度"设置为"70"，如图6-13所示。

06 将材质球赋予到场景中原有的花瓶对象中，并按【F9】键进行简单的渲染。渲染完成后即可看到白色的陶瓷花瓶材质效果，如图6-14所示。

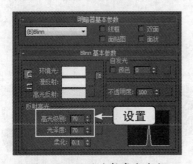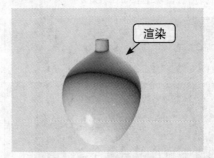

图6-13　设置反射高光参数　　　　图6-14　渲染效果

 专家课堂

打开材质编辑器的快捷方法

在创建材质与贴图时经常会反复地去打开材质编辑器进行材质的调节，而使用快捷键来控制材质编辑器，是减少鼠标频繁移动的最好途径。在场景中按【M】键即可打开材质编辑器，再按一次即可关闭。

Example 实例 ○72 **金属材质**

金属材质是一种适用于创建带有金属质感逼真效果的材质类型，在日常生活中见到的门锁、不锈钢锅、刀具等都可用金属材质进行创建。

素材文件	素材\第6章\拉手\拉手.max
效果文件	效果\第6章\拉手\拉手.max
动画演示	动画\第6章\072.swf

下面通过使用金属材质调节出高亮的金属质感，并赋予对象创建出金属拉手模型为例，介绍金属材质的调节方法，其操作步骤如下。

01 打开光盘提供的素材文件"拉手.max"，在工具栏中单击"材质编辑器"按钮，打开"材质编辑器"对话框，选中第1个材质球，如图6-15所示。

02 在"明暗器基本参数"卷展栏的下拉列表框中选择"金属"选项，如图6-16所示。

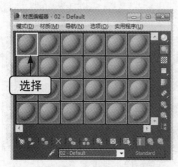

图6-15 选择材质球

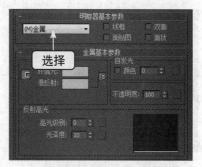

图6-16 选择金属材质

03 在"金属基本参数"卷展栏的"反射高光"栏中将"高光级别"设置为"80"，"光泽度"设置为"80"，如图6-17所示。

04 将此材质赋予给场景中原有的拉手模型，按【F9】键进行简单的渲染，即可得到金属材质的拉手，如图6-18所示。

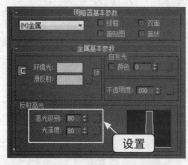

图6-17 设置反射高光参数

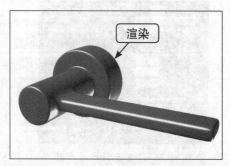

图6-18 渲染效果

 专家课堂

赋予对象材质
直接将调整好的材质球拖动到场景对象上后释放鼠标，也可将该材质赋予到对象上。

Example 实例 073 多层材质

多层材质拥有两个高光反射层，可以通过分层设置高光的效果，从而为表面较为复杂的模型设置更加真实的高光。

素材文件	素材\第6章\塑料碗\塑料碗.max
效果文件	效果\第6章\塑料碗\塑料碗.max
动画演示	动画\第6章\073.swf

下面以设置多层材质参数创建出塑料碗模型为例，介绍多层材质的调节方法，其操作步骤如下。

01 打开光盘提供的素材文件"塑料碗.max"，在工具栏中单击"材质编辑器"按钮，打开"材质编辑器"对话框，选中第一个材质球，如图6-19所示。

02 在"明暗器基本参数"卷展栏的下拉列表框中选择"多层"选项，如图6-20所示。

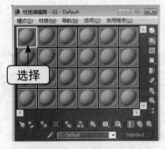

图6-19 选择材质球

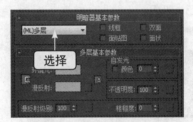

图6-20 选择多层材质

03 在"多层基本参数"卷展栏中单击"漫反射"颜色条，在打开的对话框中将颜色设置为"55、189、201"，单击 确定(O) 按钮，如图6-21所示。

04 在"第一高光反射层"栏中将"级别"设置为"40"，"光泽度"设置为"70"，在"第二高光反射层"栏中将"级别"设置为"40"，"光泽度"设置为"70"，如图6-22所示。

图6-21 设置漫反射颜色

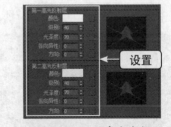

图6-22 设置高光参数

05 将调整好的材质球赋予给场景中的对象，并按【F9】键进行简单渲染，渲染完成后即可观察到效果，如图6-23所示。

图6-23 渲染效果

多维/子对象材质通过与对象多边形层级的编号对应，对模型的不同部位赋予材质。实现单个材质球为模型赋予多种材质的效果。

素材文件	素材\第6章\足球\足球.max
效果文件	效果\第6章\足球\足球.max
动画演示	动画\第6章\074.swf

下面以使用多维/子对象材质创建足球模型为例，介绍多维/子对象材质的使用方法，其操作步骤如下。

01 打开光盘提供的素材文件"足球.max"，在透视图中选中场景中的足球模型，单击"修改"选项卡，进入"多边形"层级，在透视图中框选所有多边形，在修改面板"多边形：材质ID"卷展栏的"设置ID"数值框中输入"1"，如图6-24所示。

02 在透视图中加选如图6-25所示的多边形，并使用"修改选择"面板中的"相似"选择工具进行加选。

图6-24　设置材质ID数

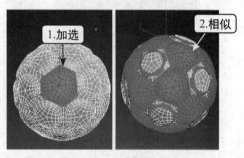

图6-25　加选多边形

03 保持加选状态，在修改面板"多边形：材质"卷展栏的"设置ID"数值框中输入"2"，如图6-26所示。

04 退出多边形层级，在工具栏中单击"材质编辑器"按钮，打开"材质编辑器"对话框，选中第1个材质球，如图6-27所示。

图6-26　设置材质ID数

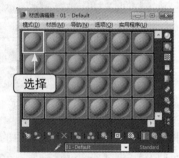

图6-27　选择材质球

05 在材质编辑器中单击"材质类型"按钮 Standard ，打开"材质/贴图浏览器"对话框，展开"材质/标准"目录，双击"多维/子对象"材质选项，如图6-28所示。

06 打开"替换材质"对话框，选中"丢弃旧材质"单选项，单击 确定 按钮，如图6-29所示。

图6-28 选择多维/子对象材质

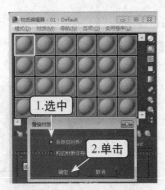

图6-29 选择丢弃旧材质

07 在"材质编辑器"对话框的"多维/子对象基本参数"卷展栏中单击 设置数量 按钮，在打开的"设置材质数量"对话框的"材质数量"文本框中输入"2"，单击 确定 按钮关闭对话框，如图6-30所示。

08 单击1号ID对应的"子材质"栏下的 无 按钮，在打开的"材质/贴图浏览器"对话框中双击"标准"材质选项，如图6-31所示。

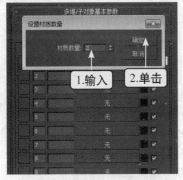

图6-30 设置子材质数量

图6-31 选择标准材质

09 在"Bilnn基本参数"卷展栏中将"漫反射"颜色设置为白色，并将"高光级别"设置为"10"，"光泽度"设置为"30"，如图6-32所示。

10 单击"转到父对象"按钮 ，继续单击2号ID对应的"子材质"栏下的 无 按钮，在打开的"材质/贴图浏览器"对话框中同样双击"标准"材质选项，如图6-33所示。

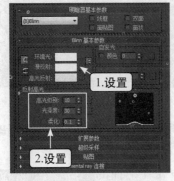

图6-32 设置材质参数

图6-33 选择标准材质

11 在"Bilnn基本参数"卷展栏中将"漫反射"颜色设置为黑色，并将"高光级别"设置为"10"，"光泽度"设置为"30"，如图6-34所示。。

⑫ 将调整好的多维材质赋予到场景中的足球对象上，按【F9】键即可看到渲染效果，如图6-35所示。

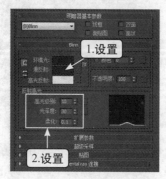

图6-34　设置材质参数

图6-35　渲染效果

Example 实例 **075 双面材质**

双面材质可分别赋予对象的正面与背面不同的材质，适用于同时体现正面和背面的模型。

素材文件	素材\第6章\茶杯\茶杯.max
效果文件	效果\第6章\茶杯\茶杯.max
动画演示	动画\第6章\075.swf

下面以将茶杯模型赋予双面材质为例，介绍双面材质的用法，其操作步骤如下。

① 打开光盘提供的素材文件"茶杯.max"，按【M】键打开"材质编辑器"对话框，选中第1个材质球，单击"材质类型"按钮 Standard ，如图6-36所示。

② 在打开的"材质/贴图浏览器"对话框中双击"双面"材质选项，如图6-37所示。

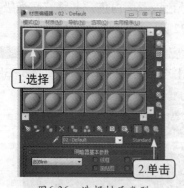

图6-36　选择材质类型

图6-37　选择双面材质

③ 打开"替换材质"对话框，选中"丢弃旧材质"单选项，单击 确定 按钮，如图6-38所示。

④ 返回"材质编辑器"对话框，单击"正面材质"后面的 Material #13（Standard） 按钮，将"漫反射"颜色设置为"40、60、230"，"高光级别"设置为"70"，"光泽度"设置为"70"，如图6-39所示。

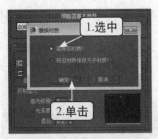

图6-38　选中丢弃旧材质

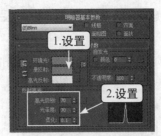

图6-39　设置材质参数

05 单击"转到父对象"按钮 ▓ ，然后单击"背面材质"后面的 Material #17（Standard） 按钮，将"漫反射"颜色设置为"白色"，"高光级别"设置为"70"，"光泽度"设置为"70"，如图6-40所示。

06 将调节好的双面材质赋予到场景中的茶杯对象中，按【F9】键查看渲染效果，如图6-41所示。

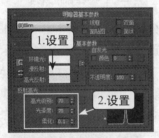

图6-40　设置材质参数

图6-41　渲染效果

Example 实例 076 合成材质

合成材质是指将多个子材质通过相加或相减等方式与主材质进行混合并合成出的新材质。

素材文件	素材\第6章\玉镯\玉镯.max
效果文件	效果\第6章\玉镯\玉镯.max
动画演示	动画\第6章\076.swf

下面以合成玉石材质为例，介绍合成材质的使用方法，其操作步骤如下。

01 打开光盘提供的素材文件"玉镯.max"，按【M】键打开"材质编辑器"对话框，选中第1个材质球，单击"材质类型"按钮 Standard ，如图6-42所示。

02 在打开的"材质/贴图浏览器"对话框中双击"合成"材质选项，如图6-43所示。

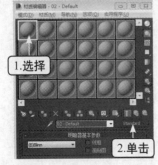

图6-42　单击材质类型按钮

图6-43　选择合成材质

03 打开"替换材质"对话框,选中"丢弃旧材质"单选项,单击 确定 按钮,如图6-44所示。

04 单击"材质1"后面的 无 按钮,在打开的"材质/贴图浏览器"对话框中双击"标准"材质选项,如图6-45所示。

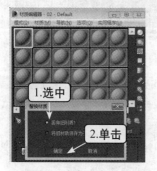

图6-44 选中丢弃旧材质　　　　图6-45 选择标准材质

05 将"漫反射"颜色"红"、"黄"、"绿"分别设置为"93"、"224"、"87",将"高光级别"设置为"80","光泽度"设置为"80",如图6-46所示。

06 单击"转到父对象"按钮,单击"材质2"后面的 无 按钮,在打开的对话框中双击"标准"材质选项,将"漫反射"颜色设置为"230、230、230",将"高光级别"设置为"80","光泽度"设置为"80",如图6-47所示。

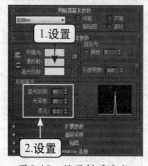
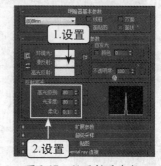

图6-46 设置材质参数　　　　图6-47 设置材质参数

07 单击"转到父对象"按钮,然后单击"材质3"后面的 无 按钮,在打开的对话框中双击"标准"材质,将"漫反射"颜色设置为"207、150、202",同时将"高光级别"设置为"80","光泽度"设置为"80",如图6-48所示。

08 将调节好的材质赋予给场景中的玉镯对象,按【F9】键查看渲染效果,如图6-49所示。

图6-48 设置材质参数　　　　图6-49 渲染效果

专家课堂

保存、调出材质

创建出的材质可进行保存，以便在下次需要使用时快速调出并使用，这样可避免重复地去创建相同的材质。保存材质的方法为：选中材质所在的材质球，单击"放入库"按钮，在打开的对话框中对材质进行命名后，单击 确定 按钮。继续在"材质编辑器"对话框中单击"获取材质"按钮，在打开的对话框的"临时库"卷展栏中单击鼠标右键，在弹出的快捷菜单中选择【另存为】命令，保存材质即可。此后在其他的场景中只需单击"获取材质"按钮，在打开的对话框中单击鼠标右键，在弹出的快捷菜单中选择【打开材质库】命令，在打开的对话框中即可选择保存的材质进行使用。

Example 实例 **077 位图贴图**

使用位图贴图材质，可任意选择电脑中的图片来为对象的表面进行贴图，使对象增加丰富的纹理及材质效果，更接近于真实物体。位图贴图也是使用非常频繁的贴图方法。

素材文件	素材\第6章\木质板凳\木质板凳.max
效果文件	效果\第6章\木质板凳\木质板凳.max
动画演示	动画\第6章\077.swf

下面以对木质板凳创建木纹贴图为例，介绍位图贴图的使用方法，其操作步骤如下。

01 打开光盘提供的素材文件"木质板凳.max"，按【M】键打开"材质编辑器"对话框，选中第1个材质球，在"Bilnn基本参数"卷展栏中单击"漫反射"颜色条右侧的"贴图"按钮，如图6-50所示。

02 打开"材质/贴图浏览器"对话框，展开"贴图/标准"目录，双击"位图"材质选项，如图6-51所示。

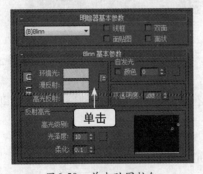
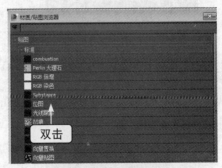

图6-50 单击贴图按钮　　　　　图6-51 选择位图选项

03 打开"选择位图图像文件"对话框，选择光盘提供的"木纹贴图"图像文件，单击 打开(O) 按钮，如图6-52所示。

04 将此材质赋予给场景中的凳子对象，按【F9】键即可观察到渲染后的效果，如图6-53所示。

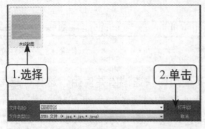

图6-52 选择贴图文件

图6-53 渲染效果

Example 实例 **078 凹痕贴图**

使用凹痕贴图能在对象表面产生凹凸不平的表面效果,而产生的凹痕是根据分形噪波产生的随机图案,图案的效果取决于贴图的类型。

素材文件	素材\第6章\岩石摆件\岩石摆件.max
效果文件	效果\第6章\岩石摆件\岩石摆件.max
动画演示	动画\第6章\078.swf

下面以使用凹痕贴图创建岩石表面效果为例,介绍凹痕贴图的使用方法,其操作步骤如下。

01 打开光盘提供的素材文件"岩石摆件.max",按【M】键打开"材质编辑器"对话框,选中第2个材质球,展开"贴图"卷展栏,并单击"凹凸"复选框右侧的 ▁▁▁无▁▁▁ 按钮,如图6-54所示。

02 打开"材质/贴图浏览器"对话框,双击"凹痕"贴图选项,如图6-55所示。

图6-54 单击凹凸贴图按钮

图6-55 选择凹痕贴图

03 在"凹痕参数"卷展栏中将"大小"设置为"100","强度"设置为"10","迭代次数"设置为"1",如图6-56所示。

04 将调整好的材质赋予给场景对象中上方的岩石对象,按【F9】键进行渲染,即可看到效果,如图6-57所示。

图6-56 设置凹痕参数

图6-57 渲染效果

Example 实例 079 噪波贴图

噪波贴图能基于两种颜色或材质的交互来随机创建曲面的起伏状态，使用噪波贴图能模拟真实的水波纹与软体对象的表面效果。

素材文件	素材\第6章\软包凳\软包凳.max
效果文件	效果\第6章\软包凳\软包凳.max
动画演示	动画\第6章\079.swf

下面以使用噪波贴图创建柔软的软包凳效果为例，介绍噪波贴图的使用与创建方法，其操作步骤如下。

01 打开光盘提供的素材文件"软包凳.max"，按【M】键打开"材质编辑器"对话框，选中第3个材质球，在"Blinn基本参数"卷展栏中将"漫反射"颜色设置为"233、236、150"，如图6-58所示。

02 在"贴图"卷展栏中单击"凹凸"复选框右侧的 无 按钮，如图6-59所示。

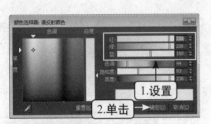

图6-58 设置漫反射颜色

图6-59 单击凹凸贴图按钮

03 在打开的"材质/贴图浏览器"对话框中双击"噪波"贴图选项，如图6-60所示。

04 在"噪波参数"卷展栏中将"大小"设置为"100"，如图6-61所示。

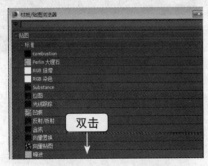

图6-60 选择噪波贴图

图6-61 设置噪波参数

05 将材质赋予场景中对象上方的长方体对象，按【F9】键查看渲染效果，如图6-62所示。

图6-62 渲染效果

════════════ 专家课堂 ════════════

添加uvw贴图

当对具有多个复杂面的对象创建位图贴图时，若模型上的贴图无法显示或显示错误时，可选中贴图对象，在菜单栏中单击"修改器"按钮，在弹出的下拉菜单中选择【UV坐标】/【UVW贴图】菜单命令，即可在修改面板利用UVW贴图修改器控制贴图显示效果。

Example 实例 **080 渐变贴图**

使用渐变贴图可为模型添加从一种颜色到另一种颜色渐变的效果，选择渐变贴图后，可在"渐变参数"卷展栏中对渐变颜色、位置、类型以及噪波强度等参数进行设置。

素材文件	素材\第6章\五彩水晶\五彩水晶.max
效果文件	效果\第6章\五彩水晶\五彩水晶.max
动画演示	动画\第6章\080.swf

下面以使用渐变贴图创建五彩水晶模型为例，介绍渐变贴图的使用方法，其操作步骤如下。

01 打开光盘提供的素材文件"五彩水晶.max"，按【M】键打开"材质编辑器"对话框，选中第1个材质球，在"Blinn基本参数"卷展栏中单击"漫反射"颜色条右侧的"贴图"按钮■，如图6-63所示。

02 在打开的"材质/贴图浏览器"对话框中双击"渐变"贴图选项，如图6-64所示。

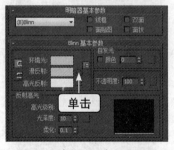

图6-63 单击漫反射贴图按钮

图6-64 选择渐变贴图

03 在"渐变参数"卷展栏中单击"颜色#1"颜色条，将颜色设置为"198、116、213"，如图6-65所示。

04 单击"颜色#2"颜色条，将颜色设置为"128、158、192"，如图6-66所示。

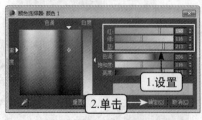

图6-65 设置颜色1

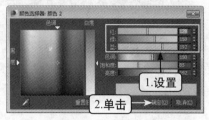

图6-66 设置颜色2

05 单击"颜色#3"颜色条，将颜色设置为"246、250、149"，如图6-67所示。

06 将此材质赋予给场景中的水晶对象，按【F9】键查看渲染效果，如图6-68所示。

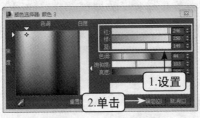

图6-67　设置颜色3

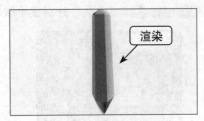

图6-68　渲染效果

现学现用 ## 为茶几组合赋予材质与贴图

　　本章主要介绍了3ds Max 2015中各种标准材质与常用贴图的使用与应用方法，涉及的知识点包括Bilnn材质、金属材质、多层材质、多维/子对象材质、双面材质，以及位图贴图、凹痕贴图、噪波贴图等内容。下面以对茶几组合模型中的多个对象赋予不同的材质为例，重点练习金属材质、Blinn材质、多维/子对象材质、位图贴图、噪波贴图、渐变贴图的编辑操作，具体流程如图6-69所示。

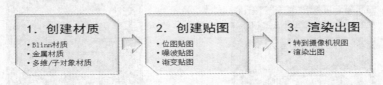

图6-69　操作流程示意图

素材文件	素材\第6章\茶几组合.max
效果文件	效果\第6章\茶几组合.max
动画演示	动画\第6章\6-1.swf、6-2.swf、6-3.swf

1. 创建材质

　　下面为场景中的茶几、凳子、棋盘、茶杯、水果等模型创建出材质并赋予给相应的模型对象，其操作步骤如下。

01 打开光盘提供的素材文件"茶几组合.max"，按【M】键打开"材质编辑器"对话框，选中第1个材质球，在"材质名称"下拉列表框中输入"玻璃材质"，如图6-70所示。

02 在"Blinn基本参数"卷展栏中将"漫反射"颜色条设置为"150、190、200"，如图6-71所示。

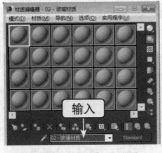

图6-70　输入材质名称

图6-71　设置颜色

03 在"Blinn基本参数"卷展栏的"不透明度"数值框中输入"70",如图6-72所示。

04 在透视图中将"玻璃材质"分别赋予给场景中茶几与凳子的玻璃部分,如图6-73所示。

图6-72 设置不透明度

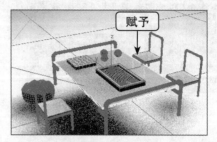

图6-73 赋予材质

05 在"材质编辑器"对话框中选中第2个材质球,在"材质名称"下拉列表框中输入"金属材质",然后在"明暗器基本参数"卷展栏的下拉列表框中选择"金属"选项,如图6-74所示。

06 在"反射高光"卷展栏中将"高光级别"设置为"70","光泽度"设置为"70",如图6-75所示。

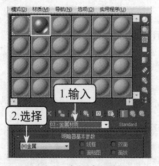

图6-74 选择金属材质

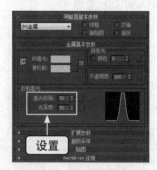

图6-75 设置材质参数

 专家课堂

柔化反射高光

在"Blinn基本参数"卷展栏的"柔化"数值框中可设置高光的柔滑程度,其柔化参数的范围为"0.1~1",值越大,柔化力度越大,反映出来就是高光更模糊。

07 在透视图中将"金属材质"赋予给茶几、凳子的外框金属对象部分,如图6-76所示。

08 在透视图中选中茶几上方放置的棋盘模型,如图6-77所示。

图6-76 赋予金属材质

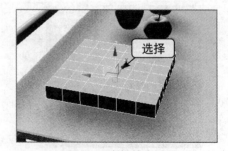

图6-77 选择棋盘模型

09 进入多边形层级，在透视图中加选如图6-78所示的多边形，并在修改面板的"多边形：材质ID"卷展栏的"设置ID"数值框中输入"2"。

10 在"材质编辑器"对话框中选中第3个材质球，并将其命名为"棋盘材质"，然后单击"材质类型"按钮 Standard ，在打开的对话框中双击"多维/子对象"材质选项，如图6-79所示。

图6-78　设置材质ID

图6-79　选择多维/子对象材质

11 单击"ID"为1的"子材质"对应的 无 按钮，在打开的对话框中双击"标准"材质选项，将"漫反射"颜色设置为"白色"，将"高光级别"设置为"20"，"光泽度"设置为"30"，如图6-80所示。

12 单击"ID"为2的"子材质"对应的 无 按钮，在打开的对话框中双击"标准"材质选项，将"漫反射"颜色设置为"黑色"，将"高光级别"设置为"20"，"光泽度"设置为"30"，如图6-81所示。

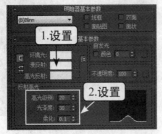

图6-80　设置材质参数

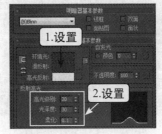

图6-81　设置材质参数

13 将棋盘材质赋予给棋盘模型。在"材质编辑器"对话框中选中第4个材质球，将其命名为"陶瓷材质"，并单击"材质类型"按钮 Standard ，在打开的对话框中双击"双面"材质选项，如图6-82所示。

14 将"正面材质"的"漫反射"颜色设置为"30、20、20"，"高光级别"设置为"60"，"光泽度"设置为"70"，如图6-83所示。

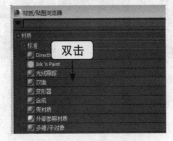

图6-82　选择双面材质

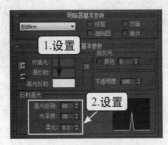

图6-83　设置材质参数

⑮ 将"背面材质"的"漫反射"颜色设置为"252，252，252"，"高光级别"设置为"60"，"光泽度"设置为"70"，如图6-84所示。

⑯ 将"陶瓷材质"赋予给场景中的茶壶与茶杯对象，完成材质的创建，如图6-85所示。

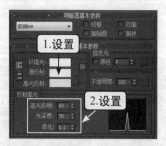

图6-84　设置材质参数

图6-85　赋予对象材质

2. 创建贴图

下面将为场景中的苹果、坐垫及茶盘模型创建贴图材质，完成整个场景的材质创建，其操作步骤如下。

① 在"材质编辑器"对话框中选中第5个材质球，命名为"木材材质"，单击"漫反射"贴图按钮■，在打开的对话框中双击"木材"材质选项，如图6-86所示。

② 在"木材参数"卷展栏中将"颗粒密度"设置为"5"，然后将材质赋予给场景中的茶盘模型，如图6-87所示。

图6-86　选择木材贴图材质

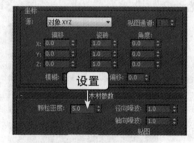

图6-87　设置颗粒密度

③ 在"材质编辑器"对话框中选中第6个材质球，命名为"苹果材质"，单击"漫反射"贴图按钮■，在打开的对话框中双击"渐变"材质选项，如图6-88所示。

④ 在"渐变参数"卷展栏中将"颜色#1"设置为"120、8、8"，如图6-89所示。

图6-88　选择渐变贴图材质

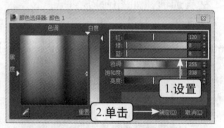

图6-89　设置颜色1

⑤ 将"颜色#2"设置为"190、140、50"，如图6-90所示。

⑥ 将"颜色#3"设置为"255、255、255"，将渐变材质赋予给场景中的苹果对象，如图6-91所示。

图6-90 设置颜色2

图6-91 赋予材质

07 选中第7个材质球，将其命名为"软包材质"，将"漫反射"颜色设置为"120、2、2"，如图6-92所示。

08 展开"贴图"卷展栏，单击"凹凸"贴图按钮 ▊▊▊▊ 无 ▊▊▊▊，在打开的对话框中双击"噪波"材质选项，如图6-93所示。

图6-92 设置颜色

图6-93 选择噪波贴图材质

09 在"噪波参数"卷展栏中将"大小"设置为"10"，并将此材质赋予给场景中的软垫模型，完成贴图材质的创建，如图6-94所示。

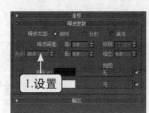

图6-94 设置大小并赋予材质

3. 渲染出图

完成材质与贴图设置后，下面就可以将场景调整到适合的角度，然后进行渲染出图，其操作步骤如下。

01 场景中已设置好灯光与摄像机，直接在透视图中按【C】键即可切换到摄像机视图，如图6-95所示。

02 按【F9】键进行渲染，待渲染完成后即可观察到各类材质的效果，整个场景的材质创建即可完成，如图6-96所示。

图6-95 切换到摄像机视图

图6-96 渲染出图

提高练习1 为MP4赋予材质

本练习主要使用多维/子对象材质、Blinn材质、位图贴图创建MP4模型，其最终效果如图6-97所示。

素材文件	素材/第6章/MP4.max
效果文件	效果/第6章/MP4.max

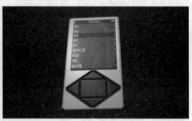

图6-97　MP4效果

练习提示：

（1）打开光盘提供的素材文件"MP4.max"，进入MP4对象多边形层级，将按键的材质ID号设置为"2"，屏幕的材质ID号设置为"3"，其余部分设置为"1"。

（2）选中一个材质球，并在材质类型中选择"多维/子对象"材质。

（3）将"多维/子对象"材质数设置为"3"，

（4）将ID为"1"的子材质设置为标准材质中的"Blinn"材质，并将漫反射颜色设置为白色，高光级别与光泽度统一设置为"30"。

（5）将ID为"2"的子材质设置为标准材质中的"Blinn"材质，并将漫反射颜色设置为黑色，高光级别与光泽度同样为"30"。

（6）将ID为"3"的子材质设置为标准材质中的"Blinn"材质，在漫反射贴图中使用位图贴图，并选择一张屏幕的图片作为贴图的位图。

（7）选中整个模型，为其添加"UVW修改器"，将屏幕的位图调整到合适的位置，按【F9】键渲染即可。

提高练习2 为床单赋予材质

本练习主要通过渐变贴图模拟真实的布料效果，再配合凹凸贴图做出自然的软体效果，从而创建出床单模型，如图6-98所示。

素材文件	素材/第6章/床单.max
效果文件	效果/第6章/床单.max

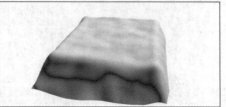

图6-98　床单效果

练习提示：

（1）打开光盘提供的素材文件"床单.max"，打开"材质编辑器"，选中第1个材质球，在漫反射贴图中为其添加"渐变"贴图。

（2）将"渐变参数"卷展栏中的"颜色#1"设置为"180、250、240"。

（3）将"渐变参数"卷展栏中的"颜色#2"设置为"220、250、250"。

（4）将"渐变参数"卷展栏中的"颜色#3"设置为"255、255、255"。

（5）在"贴图"卷展栏中为"凹凸"添加"噪波"贴图。

（6）在"噪波参数"卷展栏中将"大小"设置为"20"。

（7）将材质赋予给场景中的床单模型，按【F9】键进行渲染，观察材质效果。

提高练习3 为棱形地砖赋予材质

本练习首先通过在漫反射贴图中添加凹痕贴图，然后使用凹痕贴图随机创建的图案创建棱形地砖的材质。

素材文件	素材/第6章/棱形地砖.max
效果文件	效果/第6章/棱形地砖.max

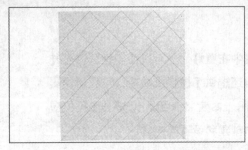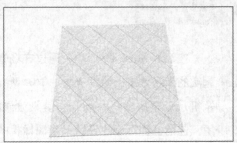

图6-99 棱形地砖效果

练习提示：

（1）打开光盘提供的素材文件"棱形地砖.max"，打开"材质编辑器"，选中第1个材质球，在"Blinn基本参数"卷展栏中将"高光级别"设置为"100"，"光泽度"设置为"50"。

（2）为漫反射添加凹痕贴图，在"凹痕参数"卷展栏中将"大小"设置为"2000"，"强度"设置为"50"。

（3）将"颜色#1"设置为"240、220、190"，"颜色#2"不变。

（4）将材质赋予给场景中的地砖对象。

（5）选中对象，在"修改器列表"下拉列表框中选择"UVW贴图"修改器。

（6）在UVW贴图修改器修改面板"参数"卷展栏中选中"长方体"单选项。

（7）将长宽分别设置为"300"、"300"。

（8）按【F9】键渲染图像，观察材质效果。

第7章
灯光与摄像机的
应用

　　在3ds Max 2015中，通过在场景中布置灯光，可以使模型获得各种真实的光照效果。除灯光外，3ds Max还提供了摄像机功能，可以模仿摄像机从任意角度获取场景的渲染效果图。本章将介绍灯光与摄像机的应用，包括各种灯光的设置以及摄像机的创建和设置等内容。

Example 实例 O81 目标聚光灯的添加

　　3ds Max 2015提供了两种灯光类型，分别是光学度灯光与标准灯光，其中光学度灯光可模拟真实的灯光照明效果，标准灯光为系统自带的灯光。目标聚光灯属于标准灯光类型，它通过向目标区域进行聚光照射，从而产生照明效果，未在照射范围内的区域则没有灯光。

素材文件	素材\第7章\哑铃场景\哑铃场景.max
效果文件	效果\第7章\哑铃场景\哑铃场景.max
动画演示	动画\第7章\081.swf

　　下面以在场景中创建目标聚光灯为例，介绍目标聚光灯的创建方法，其操作步骤如下。

01 打开光盘提供的素材文件"哑铃场景.max"，在命令面板中单击"创建"选项卡，然后单击"灯光"按钮，继续在下拉列表框中选择"标准"选项，并单击 目标聚光灯 按钮，如图7-1所示。

02 在顶视图右侧位置按住鼠标左键不放，同时向左侧拖动鼠标，即可创建出目标聚光灯，如图7-2所示。

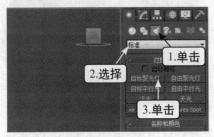

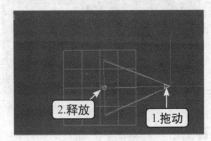

图7-1　选择灯光　　　　　　　　图7-2　创建灯光

03 利用"选择并移动"工具在前视图中沿Y轴向上移动灯光，将其移动到如图7-3所示的位置。

04 按【F9】键渲染即可，如图7-4所示。

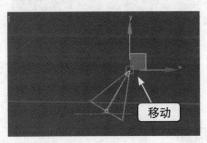

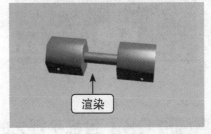

图7-3　移动灯光　　　　　　　　图7-4　渲染效果

 专家课堂 |||||||||||||||||||||||||||||||||||||||||||||||||||||||||||||||||||||||||||

目标聚光灯的组成
　　目标聚光灯是由光源与目标点组成，选择不同的位置可对其单独移动调节，而选择光源与目标点中间的直线则可对灯光进行整体移动。

Example 实例 082 自由聚光灯的添加

自由聚光灯是没有目标点的聚光灯，它可通过自由的位置对场景模型进行照射，与目标聚光灯不同的是，自由聚光灯没有明确的光照区域。

素材文件	素材\第7章\室内装饰品场景\室内装饰品场景.max
效果文件	效果\第7章\室内装饰品场景\室内装饰品场景.max
动画演示	动画\第7章\082.swf

下面以使用自由聚光灯为室内装饰品场景进行照明为例，介绍自由聚光灯的创建方法，其操作步骤如下。

01 打开光盘提供的素材文件"室内装饰品场景.max"，在命令面板中单击"创建"选项卡，然后单击"灯光"按钮，继续在下拉列表框中选择"标准"选项，并单击 自由聚光灯 按钮，如图7-5所示。

02 在顶视图中模型的上方单击创建灯光，如图7-6所示。

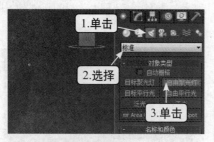

图7-5　选择灯光

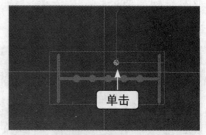

图7-6　创建灯光

03 在前视图中将灯光沿Y轴向上移动到能完全照射到场景中的模型即可，如图7-7所示。

04 按【F9】键渲染即可，如图7-8所示。

图7-7　移动灯光

图7-8　渲染效果

Example 实例 083 目标平行光的添加

目标平行光是包含光源与目标点并以一个方向传播平行光线进行照射的灯光类型，主要用于模拟真实的太阳光与天光的照射效果。

素材文件	素材\第7章\斜口花瓶场景\斜口花瓶场景.max
效果文件	效果\第7章\斜口花瓶场景\斜口花瓶场景.max
动画演示	动画\第7章\083.swf

下面将使用目标平行光模拟太阳光对场景进行照射，其操作步骤如下。

01 打开光盘提供的素材文件"斜口花瓶场景.max"，在命令面板中单击"创建"选项卡，然后单击"灯光"按钮 ，继续在下拉列表框中选择"标准"选项，并单击 目标平行光 按钮，如图7-9所示。

02 在顶视图中从右向左创建目标平行光，如图7-10所示。

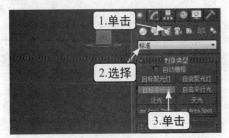

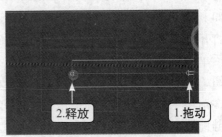

图7-9　选择灯光　　　　　　　　　图7-10　创建灯光

03 在前视图中利用移动工具将光源沿Y轴向上移动到如图7-11所示的位置，目标点位置不变。

04 在顶视图中继续利用移动工具将光源沿Y轴向下移动至如图7-12所示的位置，目标点位置不变。

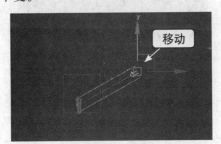

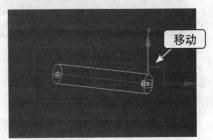

图7-11　移动光源　　　　　　　　　图7-12　移动光源

05 单击"修改"选项卡，在修改面板的"平行光参数"卷展栏中将"聚光区/光束"设置为"300"，如图7-13所示。

06 按【F9】键进行渲染即可，如图7-14所示。

图7-13　设置平行光参数　　　　　　图7-14　渲染效果

Example 实例 **084 自由平行光的添加**

自由平行光的参数设置和照射效果与目标平行光基本相同，只是自由平行光是没有目标点的平行光源。

素材文件	素材\第7章\鞋柜场景\鞋柜场景.max
效果文件	效果\第7章\鞋柜场景\鞋柜场景.max
动画演示	动画\第7章\084.swf

下面以使用自由平行光照射鞋柜场景为例，介绍自由平行光在场景中的应用，其操作步骤如下。

01 打开光盘提供的素材文件"鞋柜场景.max"，在命令面板中单击"创建"选项卡，然后单击"灯光"按钮，继续在下拉列表框中选择"标准"选项，并单击 自由平行光 按钮，如图7-15所示。

02 在前视图鞋柜上方位置单击鼠标即可添加自由平行光，在左视图中将平行光移动到鞋柜的正前方，利用旋转工具将其向左下旋转至能完全照射到鞋柜的位置，如图7-16所示。

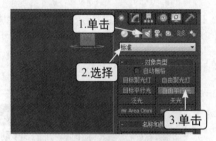

图7-15　选择灯光　　　　图7-16　创建、调整平行光

03 在修改面板的"平行光参数"卷展栏中将"聚光区/光束"设置为"2000"，如图7-17所示。

04 按【F9】键进行渲染即可，如图7-18所示。

图7-17　设置平行光参数　　　　图7-18　渲染效果

Example 实例 085 泛光灯的添加

泛光灯是以单个光源向各个方向照射光线的灯光类型，常用于场景中的辅助光源，使用起来也非常便捷。

素材文件	素材\第7章\茶盘场景\茶盘场景.max
效果文件	效果\第7章\茶盘场景\茶盘场景.max
动画演示	动画\第7章\085.swf

下面以使用泛光灯对茶盘场景进行照射为例，介绍泛光灯的使用方法，其操作步骤如下。

01 打开光盘提供的素材文件"茶盘场景.max"，在命令面板中单击"创建"选项卡，然后单击"灯光"按钮 ，继续在下拉列表框中选择"标准"选项，并单击 泛光 按钮，如图7-19所示。

02 在前视图茶盘略上方的位置单击创建泛光灯，如图7-20所示。

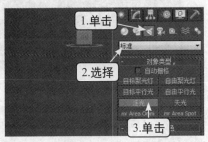

图7-19　选择灯光

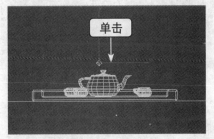

图7-20　创建灯光

03 在顶视图中利用移动工具将泛光灯沿Y轴向下移动至茶盘的前方位置，如图7-21所示。

04 按【F9】键进行渲染即可，如图7-22所示。

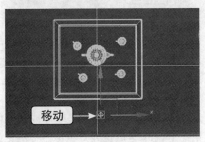

图7-21　移动泛光灯

图7-22　渲染效果

Example 实例 086 天光的添加

天光是模拟白天天空的自然光，天光属于全局光照，在无遮挡的情况下它能均匀地照亮场景，也能很好地控制场景的明暗效果。

素材文件	素材\第7章\茶几组合场景\茶几组合场景.max
效果文件	效果\第7章\茶几组合场景\茶几组合场景.max
动画演示	动画\第7章\086.swf

下面以使用天光为茶几组合场景进行照明为例，介绍天光的使用方法，其操作步骤如下。

01 打开光盘提供的素材文件"茶几组合场景.max"，在命令面板中单击"创建"选项卡，然后单击"灯光"按钮 ，继续在下拉列表框中选择"标准"选项，并单击 天光 按钮，如图7-23所示。

02 直接在顶视图中任意位置单击即可添加天光，如图7-24所示。

03 单击"修改"选项卡，在修改面板的"天光参数"卷展栏中单击"天空颜色"颜色条，在打开的对话框中将颜色设置为"180、170、255"，然后单击 确定(O) 按钮，如图7-25所示。

04 按【F9】键进行渲染即可，如图7-26所示。

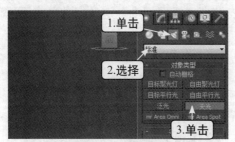

图7-23　选择灯光

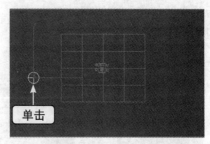

图7-24　创建天光

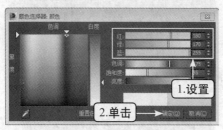

图7-25　设置天光颜色

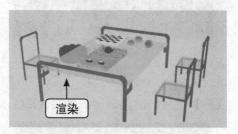

图7-26　渲染效果

专家课堂

mr灯光

标准灯光还包括mr区域泛光灯和mr区域聚光灯，这类灯光的光源是球体或圆柱体光源，且需要mental ray渲染器进行渲染。对于照明效果而言，mr区域泛光灯类似于标准泛光灯的照射效果，mr区域聚光灯则类似于标准聚光灯的照射效果。

Example 实例 087 目标灯光的添加

光度学中目标灯光的创建方法与标准灯光中的目标聚光灯创建相同，但它们照射的方式不同，目标灯光除了向目标点进行照射外，还会依据真实的灯光照射的方式向四周进行衰减的映射。

素材文件	素材\第7章\衣柜场景\衣柜场景.max
效果文件	效果\第7章\衣柜场景\衣柜场景.max
动画演示	动画\第7章\087.swf

下面以使用目标灯光对场景中的衣柜进行照明为例，介绍目标灯光的创建和使用方法，其操作步骤如下。

01 打开光盘提供的素材文件"衣柜场景.max"，在命令面板中单击"创建"选项卡，然后单击"灯光"按钮◁，继续在下拉列表框中选择"光度学"选项，同时单击▇▇目标灯光 按钮，如图7-27所示。

02 在前视图衣柜的上方从上至下创建出目标灯光，将目标点创建在衣柜中间的位置，如图7-28所示。

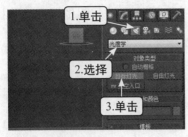

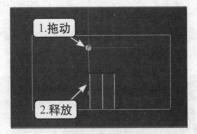

图7-27 选择灯光　　　　　　　图7-28 创建灯光

03 在顶视图中利用移动工具将目标灯光的光源沿Y轴向下移动到衣柜的前方，如图7-29所示。

04 按【F9】键进行渲染即可，如图7-30所示。

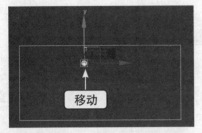

图7-29 移动光源位置　　　　　　图7-30 渲染效果

Example 实例 088 自由灯光的添加

自由灯光的创建方式与泛光灯相同，可以模拟真实的灯泡照明光源。与目标灯光相比，它只有光源而没有目标点。

素材文件	素材\第7章\台灯场景\台灯场景.max
效果文件	效果\第7章\台灯场景\台灯场景.max
动画演示	动画\第7章\088.swf

下面以使用自由灯光模拟台灯的灯泡进行照明为例，介绍自由灯光的创建和使用方法，其操作步骤如下。

01 打开光盘提供的素材文件"台灯场景.max"，在命令面板中单击"创建"选项卡，然后单击"灯光"按钮，继续在下拉列表框中选择"光度学"选项，并单击 自由灯光 按钮，如图7-31所示。

02 在顶视图台灯的中心位置单击鼠标创建自由灯光，同时利用移动工具在前视图中沿Y轴向上移动至如图7-32所示的位置。

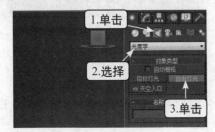

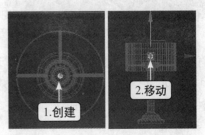

图7-31 选择灯光　　　　　　图7-32 创建、移动灯光位置

03 单击"修改"选项卡，在修改面板的"强度/颜色/衰减"卷展栏的"强度"栏下方对应的数值框中输入"200"，如图7-33所示。

04 按【F9】键渲染即可，如图7-34所示。

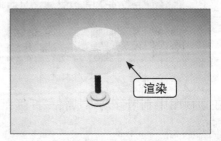

图7-33　输入强度　　　　　　　　　图7-34　渲染效果

Example 实例 089 灯光的常规设置

在场景中添加灯光后，可以根据需要对灯光的参数进行适当设置，使灯光在场景中发挥出最好的效果。3ds Max 2015提供了大量的灯光参数，其中最普通的便是常规参数设置，如更改灯光类型、设置灯光阴影等。

素材文件	素材\第7章\现代书桌场景\现代书桌场景.max
效果文件	效果\第7章\现代书桌场景\现代书桌场景.max
动画演示	动画\第7章\089.swf

下面通过范例介绍常规参数中选择灯光类型和设置灯光阴影的方法，其操作步骤如下。

01 打开光盘提供的素材文件"现代书桌场景.max"，在前视图中从上至下创建一盏目标聚光灯，并调整好它的位置，使其对场景中的书桌模型进行完全照射，如图7-35所示。

02 单击"修改"选项卡，在修改面板的"常规参数"卷展栏的"灯光类型"下拉列表框中可选择"聚光灯"、"平行光"、"泛光"等几种灯光类型，如图7-36所示。

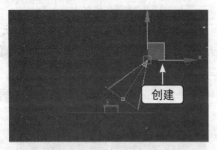

图7-35　创建目标聚光灯　　　　　　图7-36　选择灯光类型

03 取消选中"目标"复选框后，在"灯光类型"下拉列表框中选择的灯光将自动判断为"自由聚光灯"或"自由平行光"，如图7-37所示。

04 选中"阴影"栏中的"启用"复选框，可为模型投射阴影。按【F9】键渲染即可，如图7-38所示。

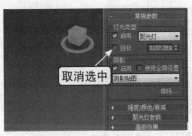
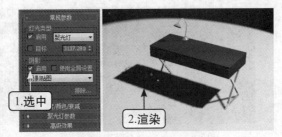

图7-37 灯光类型调整   图7-38 灯光阴影投射及渲染效果

专家课堂

排除阴影

在修改面板的"常规参数"卷展栏中单击 排除… 按钮，可在打开的对话框中设置需要投射阴影的模型，此功能可得到同一场景中指定模型具有阴影、非指定模型没有阴影的效果。

Example 实例 090 灯光的强度、颜色和衰减设置

灯光的强度、颜色和衰减是控制灯光的重要元素。其中强度可控制灯光照射的亮度，颜色可设置灯光色彩，衰减可控制灯光的倍增强度。

素材文件	素材\第7章\现代书桌场景\现代书桌场景.max
效果文件	效果\第7章\现代书桌场景01\现代书桌场景01.max
动画演示	动画\第7章\090.swf

下面以创建并设置泛光灯参数为例，介绍灯光的强度、颜色和衰减的设置方法，其操作步骤如下。

01 打开光盘提供的素材文件"现代书桌场景.max"，在顶视图的书桌前方创建一盏泛光灯，并将其调整好位置，如图7-39所示。

02 在修改面板的"常规参数"卷展栏的"阴影"栏中选中"启用"复选框，如图7-40所示。

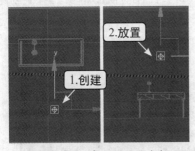
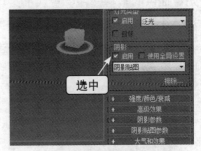

图7-39 创建、放置泛光灯   图7-40 启用阴影

03 在修改面板的"强度/颜色/衰减"卷展栏的"倍增"数值框中输入"2"，然后单击右侧的灯光颜色条，如图7-41所示。

04 在打开的对话框中将颜色设置为"255、205、136"，然后单击 确定(O) 按钮，如图7-42所示。

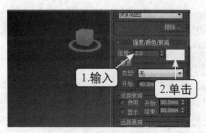
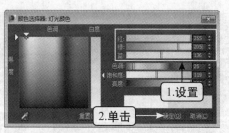

图7-41　输入灯光强度　　　　图7-42　设置灯光颜色

05 在"远距离衰减"栏中将"开始"设置为"0"，"结束"设置为"3000"，并同时选中"使用"复选框与"显示"复选框，如图7-43所示。

06 按【F9】键渲染即可，如图7-44所示。

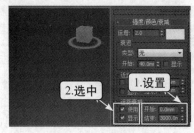

图7-43　设置衰减强度　　　　图7-44　渲染效果

Example 实例 091 聚光灯参数设置

在灯光中聚光灯与平行光都属于聚光类灯光，它们都是通过向某处固定的方向或位置投射光线，所有它们拥有独立的参数来对光线的区域以及光束的大小进行调整。

素材文件	素材\第7章\现代书桌场景\现代书桌场景.max
效果文件	效果\第7章\现代书桌场景02\现代书桌场景02.max
动画演示	动画\第7章\091.swf

下面以设置目标平行光为例，介绍聚光灯参数设置的方法，其操作步骤如下。

01 打开光盘提供的素材文件"现代书桌场景.max"，在前视图中从上至下创建一盏目标平行光，并将其调整好位置，如图7-45所示。

02 在修改面板的"平行光参数"卷展栏中将"聚光区/光束"设置为"2000"，并选中"矩形"单选项，如图7-46所示。

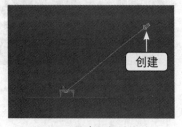

图7-45　创建目标平行光　　　　图7-46　设置平行光参数

03 在"常规参数"卷展栏的"阴影"栏中选中"启用"复选框，启用阴影效果，如图7-47所示。

04 按【F9】键渲染即可，如图7-48所示。

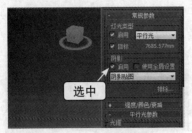

图7-47 启用阴影

图7-48 渲染效果

Example 实例 092 灯光的高级效果设置

灯光的高级效果设置能细化调节漫反射环境光之间的对比度与漫反射边缘柔化程度，还可为场景中的照明添加贴图效果来丰富场景中的色彩。

素材文件	素材\第7章\投影场景\投影场景.max
效果文件	效果\第7章\投影场景\投影场景.max
动画演示	动画\第7章\092.swf

下面以设置自由灯光的高级效果参数为例，介绍此类参数的设置方法，其操作步骤如下。

01 打开光盘提供的素材文件"投影场景.max"，在左视图中从投影机位置向幕布位置创建一盏目标聚光灯，如图7-49所示。

02 在修改面板的"常规参数"卷展栏的"阴影"栏中选中"启用"复选框，如图7-50所示。

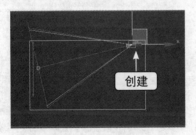

图7-49 创建目标聚光灯

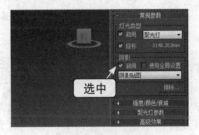

图7-50 启用阴影

03 在修改面板的"聚光灯参数"卷展栏中将"聚光区/光束"设置为"25"，"衰减区/区域"设置为"27"，同时选中"矩形"复选框，如图7-51所示。

04 在"高级效果"卷展栏的"投影贴图"栏中单击贴图按钮 无 ，如图7-52所示。

图7-51 设置聚光灯参数

图7-52 单击投影贴图按钮

⑤ 在打开的对话框中展开"贴图/标准"目录，双击"位图"选项，在打开的对话框中选中光盘提供的"投影贴图.jpg"位图，如图7-53所示。

⑥ 在顶视图中创建一盏泛光灯，并将其放在场景中间位置，如图7-54所示。

图7-53 选择位图

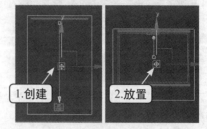

图7-54 创建、放置泛光灯

⑦ 进入泛光灯的修改面板，在"强度/颜色/衰减"卷展栏中将灯光颜色设置为"22、22、22"，如图7-55所示。

⑧ 按【F9】键渲染即可，如图7-56所示。

图7-55 设置灯光颜色

图7-56 渲染效果

Example 实例 093 灯光的阴影设置

灯光的阴影可根据不同的需要对它的颜色、密度等属性进行调整，也可为其添加贴图，使阴影效果产生更加丰富的内容。

素材文件	素材\第7章\现代书桌场景\现代书桌场景.max
效果文件	效果\第7章\现代书桌场景03\现代书桌场景03.max
动画演示	动画\第7章\093.swf

下面以设置自由灯光参数为例，介绍灯光阴影参数的具体设置方法，其操作步骤如下。

① 打开光盘提供的素材文件"现代书桌场景.max"，在顶视图台灯中心位置创建一盏自由灯光，并在前视图中将其与台灯放置在对应的位置，如图7-57所示。

② 在修改面板的"常规参数"卷展栏的"阴影"栏中选中"启用"复选框，如图7-58所示。

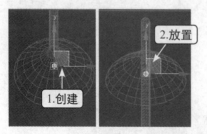

图7-57 创建自由灯光

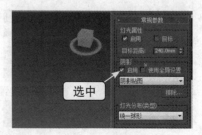

图7-58 启用阴影

03 在修改面板的"阴影参数"卷展栏的"对象阴影"栏的"密度"数值框中输入"0.9",如图7-59所示。

04 按【F9】键渲染即可,如图7-60所示。

图7-59 输入阴影密度

图7-60 渲染效果

专家课堂

设置阴影颜色

阴影的颜色默认为黑色,若需改变,可在"阴影参数"卷展栏中单击"颜色"颜色条进行调整。选中"灯光影响阴影颜色"复选框后,阴影颜色效果将是灯光颜色和阴影自身颜色的混合结果,选中"大气阴影"栏下的"启用"复选框后可调整阴影的不透明度与阴影颜色与大气颜色的混合量。

Example 实例 094 灯光的阴影贴图设置

为阴影添加贴图后,可在"阴影贴图参数"卷展栏中对贴图的大小、偏移等参数进行调整,无贴图时,也可对阴影自身进行相同的调整。

素材文件	素材\第7章\现代书桌场景\现代书桌场景.max
效果文件	效果\第7章\现代书桌场景04\现代书桌场景04.max
动画演示	动画\第7章\094.swf

下面以设置目标平行光为例,介绍为场景中的灯光设置阴影贴图的方法,其操作步骤如下。

01 打开光盘提供的素材文件"现代书桌场景.max",在前视图中从左上角向书桌创建一盏目标平行光,如图7-61所示。

02 在修改面板中启用平行光的阴影,并在"平行光参数"卷展栏中将"聚光区/光束"设置为"1000",如图7-62所示。

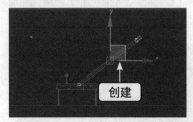

图7-61 创建目标平行光

图7-62 设置平行光参数

03 在"阴影贴图参数"卷展栏中将"偏移"设置为"6","采样范围"设置为"15",如图7-63所示。

04 按【F9】键进行渲染即可，如图7-64所示。

设置

图7-63　设置阴影贴图参数

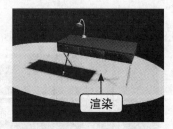

渲染

图7-64　渲染效果

Example 实例 095 灯光的大气和效果设置

灯光的大气和效果参数可用于模拟强烈的日光通过缝隙穿透大气时出现的光束效果。

素材文件	素材\第7章\茶盘场景\茶盘场景.max
效果文件	效果\第7章\茶盘场景01\茶盘场景01.max
动画演示	动画\第7章\095.swf

下面以添加并设置目标聚光灯为例，介绍灯光的大气和效果的参数设置方法，其操作步骤如下。

01 打开光盘提供的素材文件"茶盘场景.max"，在前视图中从右上角向茶盘方向创建一盏目标聚光灯，如图7-65所示。

02 在修改面板的"聚光灯参数"卷展栏中将"聚光区/光束"设置为"15"，"衰减区/区域"设置为"17"，如图7-66所示。

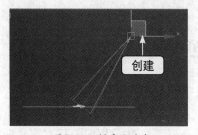

创建

图7-65　创建聚光灯

设置

图7-66　设置聚光灯参数

03 在"大气和效果"卷展栏中单击 添加 按钮，在打开的对话框中选择"体积光"选项，单击 确定 按钮，如图7-67所示。

04 在"大气和效果"卷展栏的列表框中选择"体积光"选项，单击 设置 按钮，如图7-68所示。

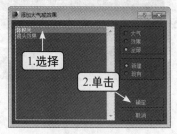

1.选择

2.单击

图7-67　选择体积光

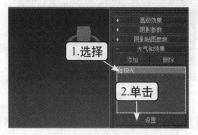

1.选择

2.单击

图7-68　设置体积光

05 打开"环境和效果"对话框,在"曝光控制"下拉列表框中选择"对数曝光控制"选项,如图7-69所示。

06 在"体积光参数"卷展栏的"体积"栏中将"最大亮度%"设置为"30",按【F9】键渲染即可,如图7-70所示。

图7-69 选择曝光控制方式

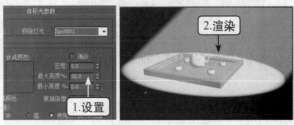

图7-70 设置体积光亮度及渲染效果

Example 实例 096 目标摄像机的添加

在场景中添加摄像机,可实现从摄像机的角度显示场景内容的效果,这对于效果图的渲染出图是非常重要的。

素材文件	素材\第7章\茶几组合场景\茶几组合场景.max
效果文件	效果\第7章\茶几组合场景01\茶几组合场景01.max
动画演示	动画\第7章\096.swf

下面以在场景中添加目标摄像机为例,介绍摄像机添加到场景中的方法,其操作步骤如下。

01 打开光盘提供的素材文件"茶几组合场景.max",在命令面板中单击"创建"选项卡,然后单击"摄像机"按钮■,并单击 目标 按钮,如图7-71所示。

02 在顶视图中从上至下创建摄像机,如图7-72所示。

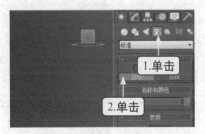

图7-71 选择摄像机类型

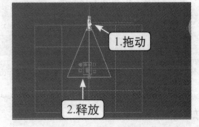

图7-72 创建摄像机

专家课堂

认识自由摄像机

相比于目标摄像机是固定在场景中的某个位置,自由摄像机可通过设置路径后,沿该路径进行移动拍摄,从而渲染出一幅动态的效果图。

03 在左视图中选中摄像机,利用移动工具沿Y轴向上移动,目标点位置不变,如图7-73所示。

04 在透视图中按【C】键即可切换到摄像机视图，如图7-74所示。

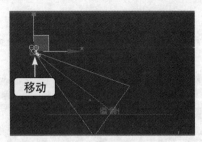

图7-73　移动摄像机

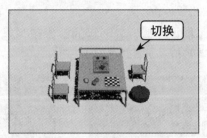

图7-74　切换到摄像机视图

05 在最下方的"命令"面板中单击▶按钮，然后在摄像机视图中向上拖动鼠标，调整视口显示视野，如图7-75所示。

06 按【F9】键渲染摄像机视图中的场景，如图7-76所示。

图7-75　调整视野

图7-76　渲染效果

Example 实例 097 目标摄像机的设置

为了使摄像机适合在各种不同场景的使用，可以对摄像机的镜头、视野等参数进行设置，以满足对渲染出图时场景角度的需求。

素材文件	素材\第7章\卧室场景\卧室场景.max
效果文件	效果\第7章\卧室场景\卧室场景.max
动画演示	动画\第7章\097.swf

下面以设置场景中的摄像机为例，介绍摄像机参数的设置方法，其操作步骤如下。

01 打开光盘提供的素材文件"卧室场景.max"，在顶视图中从右向左创建一台目标摄像机，如图7-77所示。

02 在前视图中选中摄像机与目标点中间的连接线，利用移动工具沿Y轴向上移动至如图7-78所示的位置。

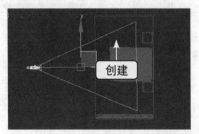

图7-77　创建摄像机

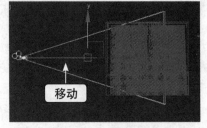

图7-78　移动摄像机

03 选中摄像机，在修改面板的"参数"卷展栏中将"镜头"设置为"35"，如图7-79
所示。

04 在透视图中按【C】键切换到摄像机视图，按【F9】键渲染即可，如图7-80所示。

图7-79　设置参数　　　图7-80　渲染效果

现学现用　**为卧室场景添加灯光和摄像机**

本章主要介绍了3ds Max 2015中各种标准灯光与光学度灯光的创建使用方法，以及目标
摄像机的应用。涉及的知识点包括目标聚光灯、自由聚光灯、目标平行光、自由平行光、
泛光灯、天光等灯光的添加与参数设置，以及目标摄像机的添加与设置等内容。下面以对
卧室场景进行布光并配合摄像机进行渲染为例，重点练习目标平行光的添加、自由灯光的
添加、摄像机的添加与设置，具体流程如图7-81所示。

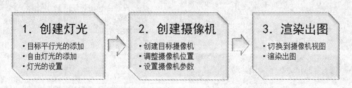

图7-81　操作流程示意图

素材文件	素材\第7章\卧室场景2.max
效果文件	效果\第7章\卧室场景2.max
动画演示	动画\第7章\7-1.swf、7-2.swf、7-3.swf

1. 创建灯光

下面首先在场景中创建一盏目标平行光模拟日光作为主光源，再添加一盏自由灯光作
为照明辅助光源，其操作步骤如下。

01 打开光盘提供的素材文件"卧室场景2.max"，在左视图创建一盏目标平行光，如
图7-82所示。

02 在目标平行光修改面板的"平行光参数"卷展栏中将"聚光区/光束"设置为
"3000"，如图7-83所示。

03 在修改面板的"强度/颜色/衰减"卷展栏中将灯光颜色设置为"255、205、136"，如
图7-84所示。

04 在顶视图中选中光源与目标点中间的连接线，利用移动工具将其移动到卧室中间位
置，如图7-85所示。

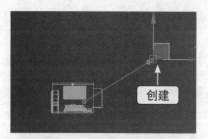

图7-82　创建目标平行光

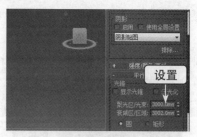

图7-83　设置平行光参数

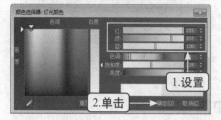

图7-84　设置灯光颜色

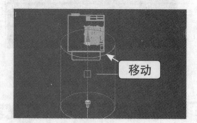

图7-85　移动平行光

05 在"常规参数"卷展栏的"阴影"栏中选中"启用"复选框，如图7-86所示。

06 在顶视图卧室中心创建一盏自由灯光，并在前视图中将其同样放置在卧室中间位置，如图7-87所示。

图7-86　启用阴影

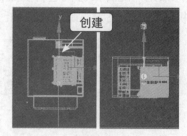

图7-87　创建自由灯光

2. 创建摄像机

在场景中创建一台目标摄像机，并调整好摄像机的位置与参数，其操作步骤如下。

01 在顶视图中以从左向右的方式创建一台目标摄像机，如图7-88所示。

02 在前视图中选中摄像机与目标点中间的连接线，利用移动工具沿Y轴向上移动至能完全照射场景，如图7-89所示。

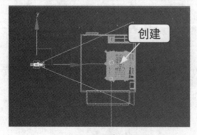

图7-88　创建摄像机

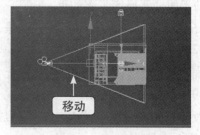

图7-89　移动摄像机

3. 渲染出图

下面将透视图切换到摄像机视图，然后进行渲染，其操作步骤如下。

01 在透视图中按【C】键将其切换到摄像机视图，并在摄像机视口左上方"Camera001"上单击鼠标右键，在弹出的快捷菜单中选择【显示安全框】命令显示出安全框，如图7-90所示。

02 按【F9】键进行渲染即可观察到卧室场景中灯光的照射效果，如图7-91所示。

图7-90　切换到摄像机视图

图7-91　渲染效果

 专家课堂 ||||||||||||||||||||||||||||||||||||||||||||||||||||||||||||||||||||||||||||

显示安全框

当在摄像机视图中显示安全框后，可直接在视图中观察到与渲染出图时相同的位置效果，便于在调整摄像机时更精确地对所需要渲染场景的位置关系做调整。

提高练习1 **用泛光灯制作台灯效果**

本练习通过使用泛光灯模拟台灯的照射并产生阴影效果，其最终效果如图7-92所示。

素材文件	素材/第7章/现代台灯.max
效果文件	效果/第7章/现代台灯.max

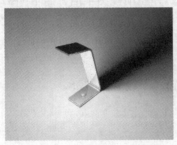 

图7-92　台灯效果

练习提示：

（1）打开光盘提供的素材文件"现代台灯.max"。

（2）在顶视图台灯灯头部位创建一盏泛光灯。

（3）在前视图中将泛光灯放置在台灯灯头下方。

（4）在修改面板的"常规参数"卷展栏中开启阴影，并在下方的下拉列表框中选择"区域阴影"选项。

（5）在"区域阴影"卷展栏的"抗锯齿"栏中将"阴影质量"的参数修改为"10"，并将"区域灯光尺寸"的长度与宽度分别设置为"20"、"20"。

（6）渲染出图即可。

提高练习2 **为电视墙场景布光**

本次通过使用泛光灯与目标灯光组合对场景进行照射，并加强对摄像机的应用，最终效果如图7-93所示。

素材文件	素材/第7章/电视墙场景.max
效果文件	效果/第7章/电视墙场景.max

图7-93 电视墙效果

练习提示：

（1）打开光盘提供的素材文件"电视墙场景.max"。

（2）在顶视图场景中间创建一盏泛光灯，同时将其在前视图中相同的放置在中间位置。

（3）在修改面板"常规参数"卷展栏中开启阴影。

（4）在"强度/颜色/衰减"卷展栏中将"倍增"设置为"0.3"。

（5）在前视图电视机两侧以从上至下的方式创建出两盏目标灯光。

（6）在前视图中同时选中灯光的光源部分，并在顶视图中沿Y轴向下移动。

（7）进入目标灯光的修改面板开启阴影，并将灯光颜色设置为"255、205、136"。

（8）在顶视图中以从下至上的方式创建一台摄像机，并在前视图中将摄像机的高度调整到能完全照射场景中的对象。

（9）在修改面板的"参数"卷展栏中将"镜头"设置为"35"。

（10）渲染出图即可。

第8章
环境设置与渲染

通过对模型进行创建、赋予材质和贴图，并添加灯光和摄影机后，就可以对场景文件进行渲染出图了。在渲染之前，还需要通过对场景环境进行适当设置来获取需要的效果。本章将对这两方面的知识进行介绍，包括背景设置、全局照明设置、曝光控制、大气效果设置以及各种渲染器的设置和使用等内容。

Example 实例 098 渲染背景设置

渲染背景即渲染时的周围环境，3ds Max 2015除了能对环境颜色做更改以外，还可使用贴图来作为渲染环境。

素材文件	素材\第8章\保温杯\保温杯.max
效果文件	效果\第8章\保温杯\保温杯.max
动画演示	动画\第8章\098.swf

下面以设置保温杯模型的渲染背景为例，介绍改变背景颜色的方法，其操作步骤如下。

01 打开光盘提供的素材文件"保温杯.max"，选择【渲染】/【环境】菜单命令，如图8-1所示。

02 打开"环境和效果"对话框，在"公用参数"卷展栏中单击"背景"颜色条，如图8-2所示。

图8-1 选择环境选项

图8-2 单击背景颜色条

03 打开"颜色选择器:背景色"对话框，将颜色设置为"25、255、255"，单击 确定(O) 按钮，如图8-3所示。

04 按【F9】键渲染即可，如图8-4所示。

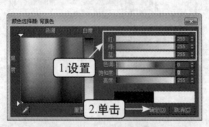

图8-3 设置背景颜色

图8-4 渲染效果

专家课堂

贴图背景

在"环境和效果"对话框的"公用参数"卷展栏中，选中"背景"栏中的"使用贴图"复选框，可通过单击 无 按钮为其添加一张位图，使背景为该位图环境。

Example 实例 099 **全局照明设置**

全局照明设置是指通过染色与环境光的设置对场景所有对象进行照射，从而调节场景的色调。

素材文件	素材\第8章\水晶项链\水晶项链.max
效果文件	效果\第8章\水晶项链\水晶项链.max
动画演示	动画\第8章\099.swf

下面以对水晶项链的全局照明设置为例，介绍改变颜色与环境光的方法，其操作步骤如下。

01 打开光盘提供的素材文件"水晶项链.max"，选择【渲染】/【环境】菜单命令，如图8-5所示。

02 打开"环境和效果"对话框，在"公用参数"卷展栏的"全局照明"栏中单击"染色"颜色条，在打开的"颜色选择器：全局光色彩"对话框中将颜色设置为"50、100、120"，单击 确定(O) 按钮，如图8-6所示。

图8-5　选择环境选项

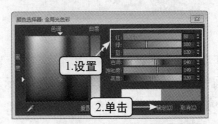

图8-6　设置染色颜色

03 返回"渲染和效果"对话框，单击"环境光"颜色条，在打开的"颜色选择器：环境光"对话框中将颜色设置为"200、200、70"，单击 确定(O) 按钮，如图8-7所示。

04 按【F9】进行渲染即可，如图8-8所示。

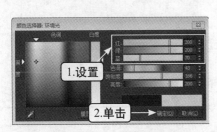

图8-7　设置环境光颜色

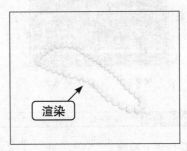

图8-8　渲染效果

Example 实例 100 **对数曝光控制**

对数曝光控制是通过使用亮度、对比度等设置对场景中的灯光强度进行控制的一种方法。

素材文件	素材\第8章\落地台灯\落地台灯.max
效果文件	效果\第8章\落地台灯\落地台灯.max
动画演示	动画\第8章\100.swf

下面以使用对数曝光控制来控制场景中的灯光强度为例，介绍对数曝光控制的设置方法，其操作步骤如下。

01 打开光盘提供的素材文件"落地台灯.max"，选择【渲染】/【环境】菜单命令，如图8-9所示。

02 打开"环境和效果"对话框，在"曝光控制"卷展栏的下拉列表框中选择"对数曝光控制"选项，如图8-10所示。

图8-9　选择环境选项

图8-10　选择对数曝光控制

03 在"对数曝光控制"卷展栏中将"亮度"设置为"65"，"对比度"设置为"50"，"中间色调"设置为"1"，如图8-11所示。

04 按【F9】键进行渲染即可，如图8-12所示。

图8-11　设置曝光参数

图8-12　渲染效果

专家课堂

防伪色曝光控制

防伪色曝光控制方式实际上相当于一种照明分析工具，它通过显示不同的颜色来直观地查看场景中不同的照明强度。防伪色曝光控制可通过对曝光数量、样式和比例等参数进行设置。

Example **实例** **101 线性曝光控制**

线性曝光控制可以通过对场景的平均亮度来进行曝光处理，其参数主要有亮度、对比度和曝光值等。

素材文件	素材\第8章\烟灰缸\烟灰缸.max
效果文件	效果\第8章\烟灰缸\烟灰缸.max
动画演示	动画\第8章\101.swf

下面以使用线性曝光控制来对场景进行曝光控制为例，介绍线性曝光控制的使用方法，其操作步骤如下。

01 打开光盘提供的素材文件"烟灰缸.max"，选择【渲染】/【环境】菜单命令，如图8-13所示。

02 打开"环境和效果"对话框，在"曝光控制"卷展栏的下拉列表框中选择"线性曝光控制"选项，如图8-14所示。

图8-13 选择环境选项

图8-14 选择线性曝光控制

03 在"线性曝光控制参数"卷展栏中将"亮度"设置为"60"，"对比度"设置为"60"，"曝光值"设置为"0.1"，如图8-15所示。

04 按【F9】键进行渲染即可，如图8-16所示。

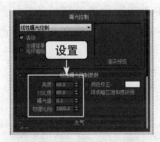

图8-15 设置曝光参数

图8-16 渲染效果

专家课堂

自动曝光控制

自动曝光控制与线性曝光控制的参数完全相同，但两者在相同的参数情况下自动曝光控制对曝光的控制效果会差一些。

Example 实例 102 大气的添加与设置

大气常用于对室外气候的模拟，如模拟雾、体积光、体积雾和火等效果。通过大气的添加与设置，可以使场景环境展现出更为真实的自然效果。

素材文件	素材\第8章\室外路灯\室外路灯.max
效果文件	效果\第8章\室外路灯\室外路灯.max
动画演示	动画\第8章\102.swf

下面以对室外路灯场景添加大气雾的效果为例，介绍大气的添加与设置方法，其操作步骤如下。

01 打开光盘提供的素材文件"室外路灯.max"，选择【渲染】/【环境】菜单命令，如图8-17所示。

02 打开"环境和效果"对话框，在"大气"卷展栏中单击 添加... 按钮，如图8-18所示。

图8-17 选择环境选项

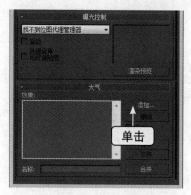

图8-18 单击添加按钮

03 打开"添加大气效果"对话框，选择"雾"选项，然后单击 确定 按钮，如图8-19所示。

04 在"环境和效果"对话框的"雾参数"卷展栏中单击颜色条，在打开的"颜色选择器：雾颜色"对话框中将雾的颜色设置为"140、170、200"，单击 确定(O) 按钮，如图8-20所示。

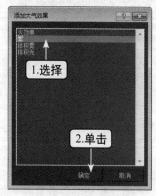

图8-19 选择雾选项

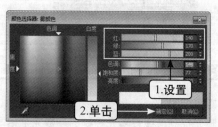

图8-20 设置雾的颜色

05 返回"环境和效果"对话框，在"雾参数"卷展栏的"类型"栏中选中"分层"单选项，如图8-21所示。

06 按【F9】键渲染即可观察到在场景中添加雾效果后，对象产生的朦胧感，如图8-22所示。

图8-21 设置雾类型　　　　　　　　图8-22 渲染效果

Example 实例 103 渲染帧窗口的基本用法

渲染帧窗口是控制渲染操作的唯一窗口，利用该窗口可指定所需渲染的区域、需要渲染的视口以及对渲染的图像进行保存、复制、打印等操作。

素材文件	素材\第8章\双人沙发\双人沙发.max
效果文件	无
动画演示	动画\第8章\103.swf

下面介绍渲染帧窗口的基本使用方法，其操作步骤如下。

01 打开光盘提供的素材文件"双人沙发.max"。在工具栏中单击"渲染帧窗口"按钮，如图8-23所示。

02 在打开的窗口中单击 渲染 按钮即可进行渲染操作，如图8-24所示。

图8-23 打开渲染帧窗口　　　　　图8-24 单击渲染按钮

03 在"视口"下拉列表框中选择"四元菜单4-透视"选项，即可指定渲染视口为透视图，单击该下拉列表框右侧的"锁定"按钮，可锁定渲染视口，如图8-25所示。

04 在"要渲染的区域"下拉列表框中选择"区域"选项，即可通过调节窗口预览区上的矩形框来调整需要渲染的局部位置，如图8-26所示。

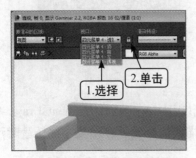

图8-25 选择并锁定渲染视口　　　　图8-26 选择渲染区域

05 单击"保存"按钮 🖫，即可在打开的对话框中将渲染图片保存，如图8-27所示。

06 单击"关闭"按钮 [x]，即可将窗口关闭，如图8-28所示。

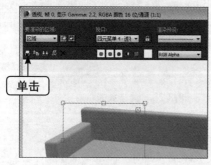

图8-27 保存图片 　　　　　　　　　　　图8-28 关闭窗口

Example 实例 104 设置图像输出大小

图像的输出大小即渲染后得到的图像大小。较小的图像分辨率不高，较大的图像在渲染时会花费很长的时间，因此需要根据具体需要来设置图像的输出大小。

素材文件	素材\第8章\双人沙发\双人沙发.max
效果文件	效果\第8章\双人沙发\双人沙发.jpg
动画演示	动画\第8章\104.swf

下面介绍设置渲染输出的图像大小的方法，其操作步骤如下。

01 打开光盘提供的素材文件"双人沙发.max"。在工具栏中单击"渲染设置"按钮 🖫，如图8-29所示。

02 打开"渲染设置：默认扫描线渲染器"对话框，在"公用参数"卷展栏的"输出大小"栏中单击 800x600 按钮，按【F9】键渲染即可得到一张"800×600"的效果图，如图8-30所示。

图8-29 单击渲染设置按钮 　　　　　　图8-30 设置输出图像尺寸

Example 实例 105 指定渲染器

3ds Max 2015提供了多种渲染器，其中包括NVIDIA、NVIDIA mental ray、Quicksilver硬件渲染器、VUE文件渲染器，以及默认的扫描线渲染器，在渲染不同场景时可根据需要选择不同的渲染器，从而得到更好的效果。

素材文件	无
效果文件	无
动画演示	动画\第8章105.swf

下面介绍渲染器的指定方法，其操作步骤如下。

01 新建场景，在工具栏中单击"渲染设置"按钮，如图8-31所示。

02 打开"渲染设置：默认扫描线渲染器"对话框，在"指定渲染器"卷展栏中单击"产品级"栏右侧的"选择渲染器"按钮，如图8-32所示。

图8-31　单击渲染设置按钮　　　图8-32　单击选择渲染器按钮

03 打开"选择渲染器"对话框，在其下的列表框中选择"NVIDIA mental ray"选项，单击 确定 按钮，如图8-33所示。

04 单击 保存为默认设置 按钮即可作为默认渲染器进行保存，如图8-34所示。

图8-33　选择NVIDIA mental ray渲染器　　　图8-34　保存为默认设置

专家课堂

渲染设置对话框的打开方法

除了能在工具栏中单击按钮外，也可直接按【F10】键或选择【渲染】\【渲染设置】菜单命令打开。

Example 实例 **106 默认扫描线渲染器的使用**

3ds Max 2015默认的扫描线渲染器是常用的渲染器之一，它是以将渲染场景从上到下生成一系列扫描线而渲染并生成图像的工具。

素材文件	素材\第8章\茶几组合场景\茶几组合场景.max
效果文件	效果\第8章\茶几组合场景\茶几组合场景.max
动画演示	动画\第8章\106.swf

下面以使用默认扫描渲染器渲染场景为例，介绍该渲染器的使用方法，其操作步骤如下。

01 打开光盘提供的素材文件"茶几组合场景.max"，按【F10】键打开"渲染设置：默认扫描线渲染器"对话框，如图8-35所示。

02 单击"渲染器"选项卡，在"默认扫描渲染器"卷展栏中选中"阴影"复选框，如图8-36所示。

图8-35　打开渲染设置对话框

图8-36　选中阴影复选框

03 在"抗锯齿"栏中选中"抗锯齿"复选框，然后在"过滤器"下拉列表框中选择"Catmull-Rom"选项，如图8-37所示。

04 在"自动反射/折射贴图"栏中将"迭代次数"设置为"8"，最后按【F9】键渲染，即可观察到通过设置后的默认扫描线渲染器渲染的效果，如图8-38所示。

图8-37　选择抗锯齿过滤器

图8-38　设置迭代次数及渲染效果

Example 实例 **107 光跟踪器**

光跟踪器适用于明亮场景，它一般与天光结合使用，可以为室外、明亮大厅等场景提供柔和边缘的阴影和映色效果。

素材文件	素材\第8章\卧室场景\卧室场景.max
效果文件	效果\第8章\卧室场景\卧室场景.max
动画演示	动画\第8章\107.swf

下面以开启光跟踪器功能对场景进行渲染为例，介绍光跟踪器的使用方法，其操作步骤如下。

① 打开光盘提供的素材文件"卧室场景.max",按【F10】键打开"渲染设置:默认扫描线渲染器"对话框,如图8-39所示。

② 单击"高级照明"选项卡,在"选择高级照明"下拉列表框中选择"光跟踪器"选项,在打开的对话框中单击 ▇▇ 按钮,如图8-40所示。

图8-39 打开渲染设置对话框

图8-40 选择光跟踪器选项

③ 在"参数"卷展栏中将"全局倍增"设置为"0.5","天光"设置为"0.8",单击"附加环境光"颜色条,如图8-41所示。

④ 打开"颜色选择器"对话框,将环境光颜色设置为"180、220、230",最后按【F9】键进行渲染即可,如图8-42所示。

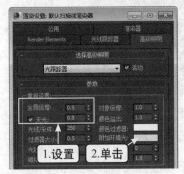

图8-41 设置光跟踪参数

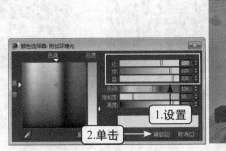

图8-42 设置颜色与渲染效果

Example 实例 108 光能传递

光能传递可以真实地模拟灯光在环境中的相互作用,通过光线的反射和折射对整个场景进行渲染,能得到更加真实的渲染效果。

素材文件	素材\第8章\卧室场景2\卧室场景2.max
效果文件	效果\第8章\卧室场景2\卧室场景2.max
动画演示	动画\第8章\108.swf

下面以启用光能传递对场景进行渲染为例,介绍光能传递的使用方法,其操作步骤如下。

① 打开光盘提供的素材文件"卧室场景2.max",按【F10】键打开"渲染设置:默认扫描线渲染器"对话框,如图8-43所示。

02 单击"高级照明"选项卡，在"选择高级照明"下拉列表框中选择"光能传递"选项，如图8-44所示。

图8-43　打开渲染设置对话框

图8-44　选择光能传递选项

03 在"光能传递网格参数"卷展栏的"全局细分设置"栏中选中"启用"复选框，如图8-45所示。

04 在"灯光设置"栏中选中"在细分中包括自发射面"复选框，如图8-46所示。

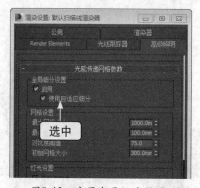

图8-45　启用全局细分设置

图8-46　灯光设置选项

05 在"光能传递处理参数"卷展栏中单击 [开始] 按钮，开始进行光能传递，如图8-47所示。

06 光能传递结束后，按【F9】键进行渲染，即可观察到光能传递后的照射效果，如图8-48所示。

图8-47　开始光能传递

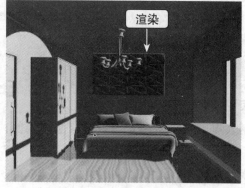

图8-48　渲染效果

Example 实例 109 mental ray渲染器

使用默认扫描线渲染器想得到很好的渲染效果，对灯光以及材质的要求非常高，同时也需要强大的电脑硬件去支持，而使用mental ray渲染器则可在低要求的环境下得到更好的渲染效果。

素材文件	素材\第8章\拉手场景\拉手场景.max
效果文件	效果\第8章\拉手场景\拉手场景.max
动画演示	动画\第8章\109.swf

下面以使用mental ray渲染器对模型进行渲染为例，介绍mental ray渲染器的使用方法，其操作步骤如下。

01 打开光盘提供的素材文件"拉手场景.max"，按【F10】键打开"渲染设置：默认扫描线渲染器"对话框，如图8-49所示。

02 在"公用"选项卡的"指定渲染器"卷展栏中单击"选择渲染器"按钮■，如图8-50所示。

图8-49 打开渲染设置对话框

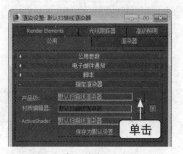

图8-50 单击选择渲染器按钮

03 打开"选择渲染器"对话框，在其下的列表框中选择"NVIDIA mental ray"渲染器选项，然后单击 确定 按钮，如图8-51所示。

04 在"渲染设置：NVIDIA mental ray"对话框中单击"全局照明"选项卡，如图8-52所示。

图8-51 选择渲染器

图8-52 单击全局照明选项卡

05 在"焦散和光子贴图"卷展栏的"焦散"栏中选中"启用"复选框，将"倍增"设置为"10"，"每采样最大光子"设置为"10000"，如图8-53所示。

06 按【F9】键进行渲染，稍后即可观察到运用mental ray渲染器所渲染出的金属拉手效果，如图8-54所示。

图8-53　设置参数　　　　　　　　　　图8-54　渲染效果

现学现用 设置并渲染现代书房场景

　　本章主要介绍了3ds Max 2015的渲染操作与渲染环境的设置，涉及的知识点包括渲染背景设置、全局照明设置、对数曝光控制、线性曝光控制、大气的添加与设置、光跟踪器、光能传递以及mental ray渲染器的使用等。下面通过对现代书房场景的渲染，重要练习渲染背景设置、全局照明设置、线性曝光控制、设置图像输入大小、光能传递等知识，具体流程如图8-55所示。

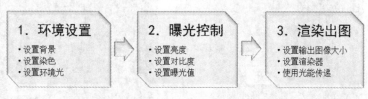

图8-55　操作流程示意图

素材文件	素材\第8章\现代书房场景.max
效果文件	效果\第8章\现代书房场景.max
动画演示	动画\第8章\8-1.swf、8-2.swf、8-3.swf

1. 环境设置

　　下面首先对场景中的环境进行设置，设置内容包括渲染背景、环境光等，其操作步骤如下。

01 打开光盘提供的素材文件"现代书房场景.max"，选择【渲染】/【环境】菜单命令，如图8-56所示。

02 打开"环境和效果"对话框，在"公用参数"卷展栏中将"背景"颜色设置为"180、180、210"，如图8-57所示。

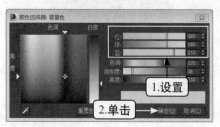

图8-56　选择环境选项　　　　　　　　图8-57　设置背景颜色

03 在"环境和效果"对话框的"公用参数"卷展栏中将"环境光"设置为"255、255、255",如图8-58所示。

04 在"全局照明"栏的染色"级别"数值框中输入"10",完成环境的设置,如图8-59所示。

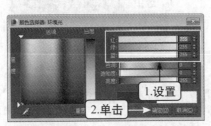

图8-58　设置环境光颜色

图8-59　输入颜色级别

2. 曝光控制

下面对场景添加曝光控制,并设置控制参数对整个场景的明暗度进行调整,其操作步骤如下。

01 保持"环境和效果"对话框的打开状态,在"曝光控制"下拉列表框中选择"线性曝光控制"选项,如图8-60所示。

02 在"线性曝光控制参数"卷展栏中将"亮度"设置为"50","对比度"设置为"40","曝光值"设置为"1",如图8-61所示。

图8-60　选择线性曝光控制

图8-61　设置曝光参数

3. 渲染出图

下面将设置渲染的出图尺寸,并利用光能传递对场景进行渲染,完成整个场景的渲染操作,其操作步骤如下。

01 按【F10】键打开"渲染设置:默认扫描渲染器"对话框,在"公用"选项卡的"公用参数"卷展栏中将"输出大小"的"宽度"设置为"1500","高度"设置为"1125",如图8-62所示。

02 在"渲染器"选项卡的"抗锯齿"栏的"过滤器"下拉列表框中选择"Catmull-Rom"选项,并在"全局超级采样"卷展栏中选中"启用全局超级采样器"复选框,如图8-63所示。

图8-62 设置输出大小

图8-63 设置渲染参数

03 在"高级照明"选项卡的"选择高级照明"下拉列表框中选择"光能传递"选项,单击 开始 按钮,如图8-64所示。

04 计算完成后按【F9】键进行渲染即可,如图8-65所示。

图8-64 开始光能传递

图8-65 渲染效果

提高练习1 **渲染纸袋场景**

本练习主要通过设置渲染背景、全局照明以及线性曝光控制对场景模型进行渲染,其最终效果如图8-66所示。

素材文件	素材/第8章/纸袋场景.max
效果文件	效果/第8章/纸袋场景.max

图8-66 纸袋渲染效果

练习提示:

(1)打开光盘提供的素材文件"纸袋场景.max"。

（2）选择【渲染】\【环境】菜单命令，打开"环境和效果"对话框，将"背景"颜色设置为"255、255、255"。

（3）将"环境光"颜色设置为"255、255、255"。

（4）在"曝光控制"卷展栏下拉列表框中选择"线性曝光控制"渲染器。

（5）在"线性曝光控制参数"卷展栏中将"亮度"设置为"60"，"对比度"设置为"50"。

（6）关闭对话框后按【F9】键进行渲染。

提高练习2 使用mental ray渲染筒灯场景

本练习主要通过渲染筒灯场景，巩固在场景中设置渲染输出图像大小、指定渲染器，以及mental ray渲染器的使用方法，其最终效果如图8-67所示。

素材文件	素材/第8章/筒灯场景.max
效果文件	效果/第8章/筒灯场景.max

图8-67 筒灯效果

练习提示：

（1）打开光盘提供的素材文件"筒灯场景.max"。

（2）将渲染背景颜色设置为白色。

（3）按【F10】键打开"渲染设置：默认扫描线渲染器"对话框，在"公用参数"卷展栏中将"输入大小"设置为宽度"640"、高度"1125"。

（4）在"指定渲染器"卷展栏中选择"NVIDIA mental ray"渲染器。

（5）在"NVIDIA mental ray渲染器"对话框的"全局照明"选项卡中启用"焦散"复选框。

（6）按【F9】键进行渲染。

提高练习3 使用默认扫描线渲染器渲染碗场景

本练习主要通过使用默认扫描线渲染器对碗场景进行渲染，从而巩固默认扫描线渲染器的使用方法，其最终效果如图8-68所示。

素材文件	素材/第8章/碗场景.max
效果文件	效果/第8章/碗场景.max

图8-68　碗效果

练习提示：

（1）打开光盘提供的素材文件"碗场景.max"。

（2）将渲染背景颜色与环境光均设置为白色。

（3）添加"线性曝光控制"，并在"线性曝光控制参数"卷展栏中将"亮度"设置为"60"，其余参数不变。

（4）按【F10】键打开"渲染设置：默认扫面线渲染器"对话框，在"渲染器"选项卡"抗锯齿"栏中的"过滤器"下拉列表框中选择"Mechell-Netravali"选项。

（5）按【F9】键进行渲染。

第9章
创建"简约卧室"
场景

📠 项目目标

本项目将使用多个基本体建模的方法完成整个卧室场景的模型创建，并添加材质、灯光后进行渲染，本项目的最终效果如图9-1所示。

素材文件	素材\第9章\墙体\墙体.max
效果文件	效果\第9章\简约卧室场景\简约卧室场景.max
动画演示	动画\第9章\9-1.swf、9-2.swf、9-3.swf、9-4.swf、9-5.swf

图9-1 "简约卧室"场景

📠 任务分析

1. 项目分析

3ds Max 2015中的几何体作为建模基本体，有着创建便捷、使用灵活等优点，通过使用基本几何体能快速地创建出简易的模型，而通过多个几何体的组合即可创建出简易的场景。

本项目制作的卧室场景模型与单个模型创建不同，在创建场景模型时，场景中模型的尺寸应按照真实对象的尺寸进行创建，才能让整个场景比例均匀。

2. 重难点分析

制作本项目时，应注意以下几方面的问题。

● 模型尺寸：由于在场景中会创建多个模型，所以模型之间的尺寸比例尤为关键，应按照真实对象的尺寸来创建，如卧室场景中床的尺寸一般为"1800mm×2000mm"等，以便使创建出的场景更为真实。

● 空间布局：在创建卧室场景时，需要考虑到整个场景模型摆放布局的位置，而这些位置则需要根据不同的场景去做不同的考虑。

制作思路

"简约卧室"场景的创建思路如下所示。

（1）创建衣柜模型。首先在场景中利用多个切角长方体的组合以及实例克隆等方式创建出衣柜模型，如图9-2所示。

图9-2　创建衣柜模型

（2）创建床模型。在场景中利用切角圆柱体的组合，创建出床的模型，再创建切角长方体并为其添加弯曲修改器后作为床的靠背，如图9-3所示。

图9-3　创建床模型

（3）创建床头柜组合。利用切角圆柱体创建出床头柜，使用切角长方体添加弯曲修改器创建弧形抽屉，然后使用圆锥体、圆柱体等基本体组合创建床头柜，并用实例克隆的方法复制出另一个床头柜，如图9-4所示。

图9-4　创建床头柜组合

（4）创建休闲沙发。使用多个切角长方体组合创建出休闲沙发模型，如图9-5所示。

图9-5　创建休闲沙发

（5）创建灯光与材质。为场景添加灯光，同时对模型赋予对应的材质，并进行渲染出图，如图9-6所示。

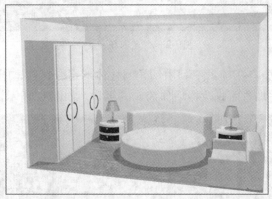

图9-6　创建灯光与材质

▶ **制作步骤**

下面具体介绍"简约卧室"场景的创建方法和操作步骤。

1. 创建衣柜模型

01 打开光盘提供的素材文件"墙体.max"，在前视图中创建切角长方体，将长度、宽度、高度分别设置为"2500"、"480"、"2600"，"圆角"设置为"10"，如图9-7所示。

02 在顶视图与前视图中将创建好的切角长方体分别与墙体放置到对应的位置，如图9-8所示。

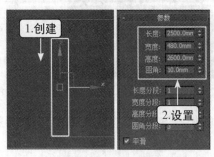

图9-7　创建切角长方体

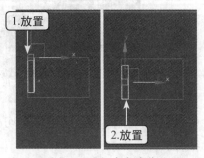

图9-8　放置切角长方体位置

03 在左视图的切角长方体左上角再次创建切角长方体，并将长度、宽度、高度分别设置为"700"、"560"、"20"，"圆角"设置为"10"，如图9-9所示。

04 在相同位置的下方创建切角长方体，将长度、宽度、高度分别设置为"1700"、"560"、"20"，"圆角"设置为"10"，如图9-10所示。

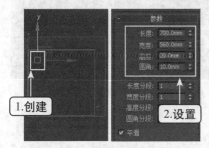
图9-9 创建切角长方体

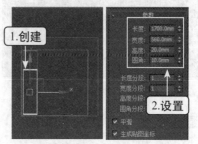
图9-10 创建切角长方体

05 加选上下两个切角长方体，在顶视图中利用移动工具沿X轴移动到紧贴最大的切角长方体表面，如图9-11所示。

06 保持加选状态，在左视图中以"实例"的方式沿X轴向右克隆出3个相同对象，并保持对象间隔均匀，如图9-12所示。

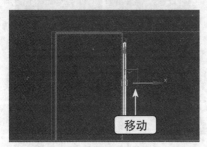
图9-11 移动对象

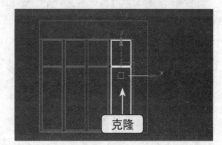
图9-12 克隆对象

07 在左视图中创建管状体，将"半径1"设置为"190"，"半径2"设置为"160"，"高度"设置为"10"，并选中"启用切片"复选框，同时将"切片起始位置"设置为"180"，"切片结束位置"设置为"360"，如图9-13所示。

08 在顶视图中将管状体沿X轴移动至如图9-14所示的位置。

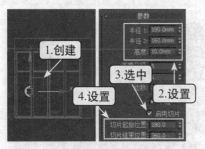
图9-13 创建管状体

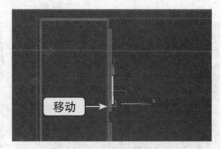
图9-14 移动位置

09 保持管状体的选中状态，在左视图中以"实例"方式沿X镜像轴镜像克隆，并将克隆出的对象放置到对应的位置，如图9-15所示。

10 在左视图中加选两个管状体，再次以"实例"方式沿X轴向右进行克隆，即可完成衣柜的创建，如图9-16所示。

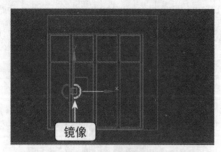

图9-15 镜像克隆

图9-16 实例克隆

2. 创建床模型

01 在顶视图场景中间创建切角圆柱体，将"半径"设置为"1000"，"高度"设置为"200"，"圆角"设置为"10"，如图9-17所示。

02 保持切角圆柱体的选中状态，在前视图中以"复制"方式沿Y轴向上克隆出一个切角圆柱体，并将"高度"修改为"160"，"圆角"修改为"40"，其余参数不变，如图9-18所示。

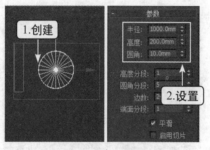

图9-17 创建切角圆柱体

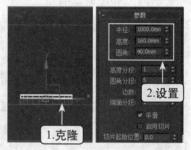

图9-18 克隆切角圆柱体

03 在前视图中创建切角长方体，将长度、宽度、高度设置为"250"、"2400"、"800"，"圆角"设置为"30"，"宽度分段"设置为"14"，"高度分段"设置为"11"，如图9-19所示。

04 选中切角长方体，在"修改器列表"下拉列表框中选择"弯曲"修改器，如图9-20所示。

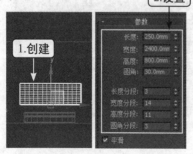

图9-19 创建切角长方体

图9-20 选择弯曲修改器

05 在弯曲修改器修改面板的"参数"卷展栏中将"角度"设置为"120"，"方向"设置为"90"，同时在"弯曲轴"栏中选中"X"单选项，如图9-21所示。

06 在顶视图中将弯曲的切角长方体放置到对应的位置，完成床的创建，如图9-22所示。

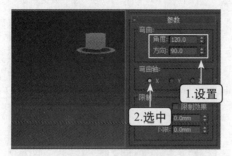

图9-21 设置弯曲参数

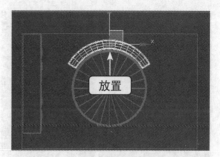

图9-22 放置位置

3. 创建床头柜组合

01 在顶视图中创建切角圆柱体，将"半径"设置为"350"、"高度"设置为"500"，"圆角"设置为"30"，如图9-23所示。

02 再次在前视图中创建切角长方体，将长度、宽度、高度分别设置为"20"、"600"、"150"，"圆角"设置为"5"，"宽度分段"设置为"14"，"高度分段"设置为"11"，如图9-24所示。

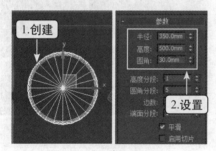

图9-23 创建切角圆柱体

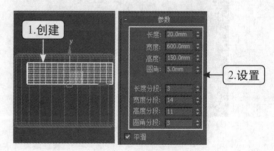

图9-24 创建切角长方体

03 选中切角长方体，在"修改器列表"下拉列表框中选择"弯曲"修改器，如图9-25所示。

04 在弯曲修改器修改面板的"参数"卷展栏的"弯曲"栏中将"角度"设置为"90"，"方向"设置为"-90"，同时在"弯曲轴"栏中选中"X"单选项，如图9-26所示。

图9-25 选择弯曲修改器

图9-26 设置弯曲参数

05 在顶视图与前视图中将弯曲的切角长方体与切角圆柱体放置到对应的位置，如图9-27所示。

06 在前视图中创建球体，将"半径"设置为"15"，并在前视图中将其放置到弯曲切角长方体的中间位置紧贴表面，如图9-28所示。

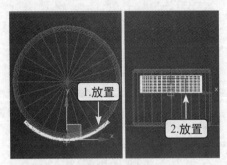

图9-27 放置位置

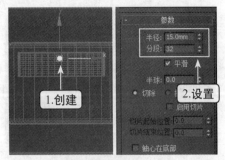

图9-28 创建球体

07 加选弯曲的切角长方体与球体，以"实例"的方式在前视图中沿Y轴向下克隆一份，如图9-29所示。

08 在顶视图床头柜中心位置创建切角圆柱体，将"半径"设置为"150"、"高度"设置为"30"，"圆角"设置为"4"，如图9-30所示。

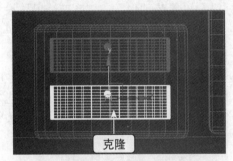

图9-29 实例克隆对象

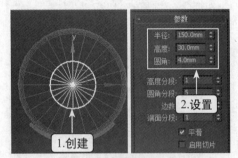

图9-30 创建切角圆柱体

09 选中切角圆柱体，在前视图中以"复制"方式沿Y轴向上克隆，并将"半径"修改为"20"，"高度"修改为"400"，其余参数不变，如图9-31所示。

10 在顶视图床头柜中心创建圆锥体，将"半径1"设置为"110"，"半径2"设置为"190"，"高度"设置为"-240"，如图9-32所示。

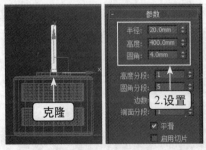

图9-31 克隆对象

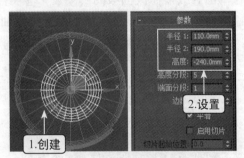

图9-32 创建圆锥体

11 在前视图中将圆锥体、圆柱体分别放置到对应的位置组合成台灯，并同时放置在床头柜上方，如图9-33所示。

12 加选创建好的床头柜与台灯组合，在顶视图中以"实例"方式沿X轴向右克隆一份放置在床的右侧，完成床头柜组合的创建，如图9-34所示。

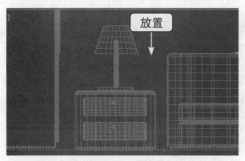

图9-33　放置位置　　　　　　　　　　　图9-34　实例克隆

4. 创建休闲沙发

01 在顶视图中场景右下方位置创建切角长方体，将长度、宽度、高度分别设置为 "1200"、"700"、"200"，"圆角"设置为"70"，如图9-36所示。

02 在前视图中选中切角长方体，以"复制"方式沿Y轴向上克隆一份，并将"高度"修改为"100"，"圆角"修改为"30"，其余参数不变，如图9-37所示。

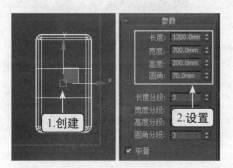

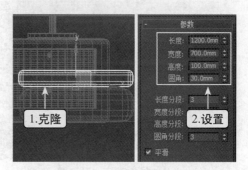

图9-35　创建切角长方体　　　　　　　　图9-36　克隆切角长方体

03 在左视图中创建切角长方体，将长度、宽度、高度分别设置为"700"、"1400"、"250"，"圆角"设置为"40"，如图9-37所示。

04 将切角长方体在顶视图与左视图中放置到对应的位置，如图9-38所示。

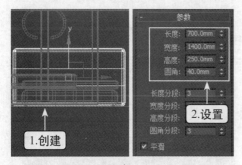

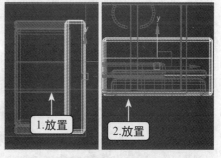

图9-37　创建切角长方体　　　　　　　　图9-38　放置位置

05 在顶视图创建切角长方体，将长宽高分别设置为"100"、"700"、"500"，"圆角"设置为"30"，如图9-39所示。

06 保持切角长方体的选中状态，在顶视图中以"实例"方式沿Y轴向下克隆一份放置到对应的位置即可完成沙发的创建，如图9-40所示。

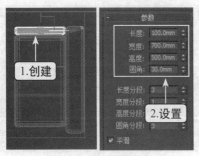

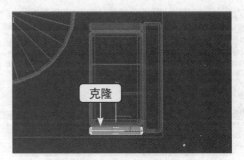

图9-39 创建切角长方体　　　　图9-40 克隆、放置对象

5. 创建灯光与材质

01 按【M】键打开"材质编辑器"对话框，选中第1个材质球，单击"材质类型"按钮 Standard ，在打开的对话框中双击"建筑"材质选项，如图9-41所示。

02 在"模板"卷展栏的下拉列表框中选择"油漆光泽的木材"选项，如图9-42所示。

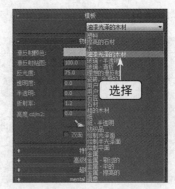

图9-41 选择建筑材质　　　　图9-42 选择油漆光泽的木材选项

03 在"物理性质"卷展栏中将"漫反射颜色"设置为"240、240、240"，如图9-43所示。

04 将此材质赋予给场景中如图9-44所示的模型对象，包括衣柜（不含拉手）、床头柜（不含抽屉）、床（不含床垫和靠背）。

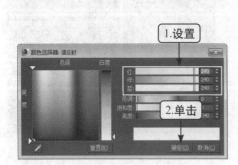

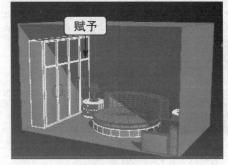

图9-43 设置漫反射颜色　　　　图9-44 赋予材质

05 在材质编辑器中选中第2个材质球，单击"材质类型"按钮 Standard ，在打开的对话框中双击"建筑"选项，如图9-45所示。

06 在"模板"卷展栏下拉列表框中选择"油漆光泽的木材"材质选项，如图9-46所示。

图9-45 选择建筑材质

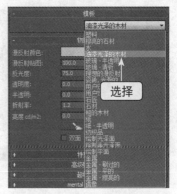

图9-46 选择油漆光泽的木材选项

07 在"物理性质"卷展栏中将"漫反射颜色"设置为"0、0、0",如图9-47所示。

08 将此材质赋予给场景中如图9-48所示的对象,包括衣柜拉手和床头柜抽屉(不含拉手)。

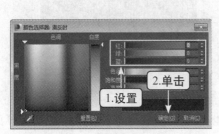

图9-47 设置漫反射颜色

图9-48 赋予材质

09 选择第3个材质球,单击"材质类型"按钮 Architectural ,在打开的对话框中双击"建筑"材质选项,如图9-49所示。

10 在"模板"卷展栏下拉列表框中选择"金属-擦亮的"选项,如图9-50所示。

图9-49 选择建筑材质

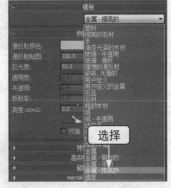

图9-50 选择金属-擦亮的选项

11 将此材质赋予给场景中的台灯模型,如图9-51所示。

12 选择第4个材质球,单击"材质类型"按钮 Architectural ,在打开的对话框中再次双击"建筑"材质选项,如图9-52所示。

图9-51　赋予材质

图9-52　选择建筑材质

⑬ 在"模板"卷展栏下拉列表框中选择"纺织品"选项，如图9-53所示。

⑭ 在"物理性质"卷展栏中单击"漫反射贴图"按钮 无 ，如图9-54所示。

图9-53　选择纺织品选项

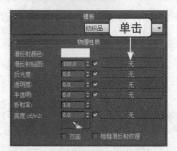

图9-54　单击漫反射贴图按钮

⑮ 在打开的对话框中双击"衰减"贴图选项，如图9-55所示。

⑯ 在"衰减参数"卷展栏中将"前侧"的颜色设置为"250、230、210"，如图9-56所示。

图9-55　选择衰减贴图

图9-56　设置"前侧"颜色

⑰ 在"衰减类型"下拉列表框中选择"Fresnel"选项，如图9-57所示。

⑱ 将此材质赋予给场景中如图9-58所示的对象，包括床垫、床靠背和沙发。

图9-57　选择Fresnel选项

图9-58　赋予给对象

⑲ 选中第5个材质球，单击"材质类型"按钮 ▊Architectural▊，在打开的对话框中双击"建筑"材质选项，如图9-59所示。

⑳ 在"模板"卷展栏下拉列表框中选择"油漆光泽的木材"选项，如图9-60所示。

图9-59 选择建筑材质

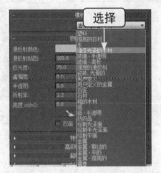

图9-60 选择油漆光泽的木材选项

㉑ 单击"漫反射"贴图按钮 ▊ 无 ▊，在打开的对话框中双击"位图"选项，如图9-61所示。

㉒ 在打开的对话框中选择光盘提供的素材文件"木地板.jpg"位图，并将其赋予给场景中的地板部分，如图9-62所示。

图9-61 选择位图贴图

图9-62 赋予材质

㉓ 在透视图中选择地板部分，在"修改器列表"下拉列表框中选择"UVW贴图"修改器，如图9-63所示。

㉔ 在UVW修改器修改面板的"参数"卷展栏中选中"长方体"单选项，并将"长度"与"宽度"分别设置为"800"、"800"，如图9-64所示。

图9-63 选择UVW贴图修改器

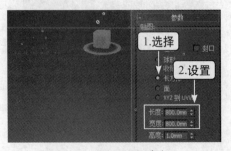

图9-64 设置UVW参数

㉕ 选择第6个材质球，在"Blinn基本参数"卷展栏中将"漫反射颜色"设置为"240、240、240"，并将其赋予给场景中的墙体对象，如图9-65所示。

㉖ 在顶视图场景中心创建一盏泛光灯，同时在前视图中将其放置在中心位置，如图9-66所示。

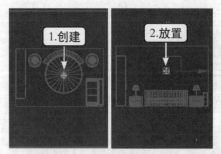

图9-65　赋予墙体材质　　　　　　　　图9-66　创建并放置泛光灯

㉗ 在修改面板"常规参数"卷展栏的"阴影"栏中选中"启用"复选框，同时在下拉列表框中选择"区域阴影"选项，如图9-67所示。

㉘ 在顶视图中从下至上创建目标摄像机，如图9-68所示。

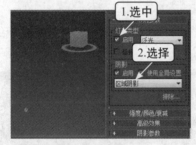

图9-67　设置灯光参数　　　　　　　　图9-68　创建目标摄像机

㉙ 在左视图中选中摄像机与目标点中间的连接线，利用移动工具沿Y轴向上移动至摄像机照射到整个场景的位置，如图9-69所示。

㉚ 在透视图中按【C】键进入摄像机视图，按【F9】键进行渲染，即可完成"简约卧室"场景的创建，如图9-70所示。

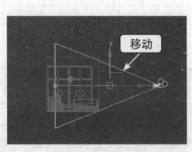

图9-69　移动摄像机　　　　　　　　　图9-70　渲染场景

中文版
3ds Max 2015
实例教程

第10章
创建"时尚边几"
模型

项目目标

本项目将使用多边形建模与石墨建模的方法创建时尚边几模型，并为其添加材质、灯光后进行渲染，本项目的最终效果如图10-1所示。

素材文件	无
效果文件	效果\第10章\时尚边几\时尚边几.max
动画演示	动画\第10章\10-1.swf、10-2.swf、10-3.swf、10-4.swf、10-5.swf

图10-1 "时尚边几"模型

任务分析

1. 项目分析

多边形建模是常用的建模工具，它几乎可以创建任何模型。从技术角度来讲，这种建模方式更加先进，特别是在创建复杂模型时，细节部分创建起来更易控制，也更能轻松地得到需要的模型效果。

石墨建模工具最主要的特点是增强了多边形建模的辅助编辑工具，在创建多边形建模时，配合石墨建模的辅助工具，可有效地提高建模的速度与效率。

除多边形建模和石墨建模外，本项目还综合了样条线建模、修改器建模、复合对象建模等多种建模方法，通过练习可以加深对各种建模方式的理解，巩固操作，并能举一反三，更容易地创建其他模型。

2. 重难点分析

制作本项目时，应注意以下几方面的问题。

● 平滑多边形：由于多边形对象是由多个四边形面组成的，所以当两个面不在一个平面时就会出现锐角的形状，所以大多数多边形对象都会为其添加平滑类修改器。

● 子层级选择：由于在创建多边形模型时，对象上的边、面、顶点等子层级对象较为密集复杂，要想精确选中目标，通常要运用"扩大"、"收缩"、"循环"、"环形"以及石墨建模工具中的"修改选择"面板工具来进行选择。

制作思路

"时尚边几"模型的创建思路如下所示。

（1）创建上台面。首先利用圆柱体转换为可编辑多边形，对多边形与边界子层级进行编辑后创建出台面，如图10-2所示。

图10-2　创建上台面

（2）创建Logo。利用可编辑样条线创建Logo，通过使用复合对象"图形合并"工具将Logo映射到台面，如图10-3所示。

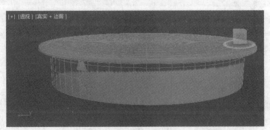

图10-3　创建Logo

（3）创建支撑脚。利用可编辑样条线通过挤出，再转换为可编辑多边形创建出支撑脚，如图10-4所示。

图10-4　创建支撑脚

　　（4）创建下台面。克隆上台面，通过编辑子层级修改其形状与比例缩放创建出下台面。

图10-5　创建下台面

　　（5）创建灯光与材质。创建平面作为模型的地面场景，添加灯光、材质、摄像机进行渲染，如图10-6所示。

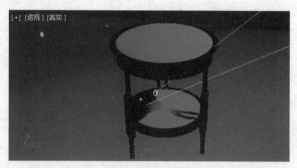

图10-6　创建灯光与材质

▶ 制作步骤

下面具体介绍时尚边几模型的创建方法和操作步骤。

1. 创建上台面

01 新建场景。在顶视图中创建圆柱体，将"半径"设置为"200"，"高度"设置为"8"，"高度分段"设置为"1"，"边数"设置为"32"，如图10-7所示。

02 选中圆柱体，单击鼠标右键，在弹出的快捷菜单中选择【转换为】/【转换为可编辑多边形】命令，如图10-8所示。

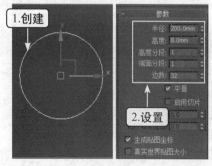

图10-7　创建圆柱体

图10-8　转换为可编辑多边形

03 在修改器堆栈中单击"可编辑多边形"左侧的 ■ 按钮，在展开的下拉列表中选择 "边"层级，如图10-9所示。

04 在透视图中选中侧面的一条边，在修改面板"选择"卷展栏中单击 环形 按钮，如图10-10所示。

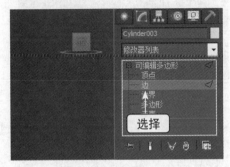

图10-9 选择边层级

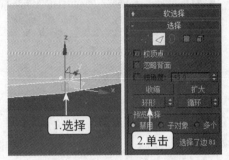

图10-10 单击环形按钮

05 在修改面板"编辑边"卷展栏中单击 连接 按钮右侧的设置按钮 ■，如图10-11所示。

06 在弹出的"连接边"浮动界面中将"连接边分段"设置为"2"，"收缩"设置为 "−40"，"滑块"设置为"0"，然后单击"确定"按钮 ☑ 关闭浮动界面，如图10-12所示。

图10-11 单击连接设置按钮

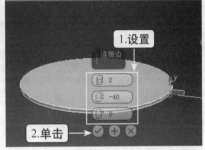

图10-12 连接边设置

07 在修改器堆栈中进入多边形层级，在透视图中选中台面顶部的多边形，如图10-13所示。

08 在修改面板"编辑多边形"卷展栏中单击 插入 按钮右侧的"设置"按钮 ■，如图10-14所示。

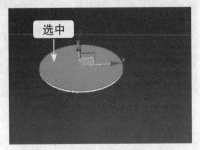

图10-13 选中多边形

图10-14 单击插入设置按钮

09 在弹出的"插入"浮动界面中将"数量"设置为"20"，单击"确定"按钮 ☑，如图10-15所示。

❿ 在"编辑多边形"卷展栏中单击 挤出 按钮右侧的设置按钮▣，如图10-16所示。

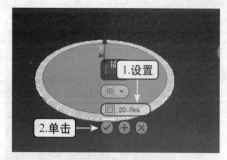

图10-15　插入多边形

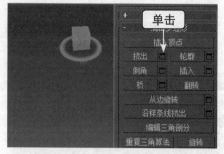

图10-16　单击挤出设置按钮

⓫ 在弹出的"挤出多边形"浮动界面中将"高度"设置为"–5"，单击"确定"按钮☑，如图10-17所示。

⓬ 在"编辑多边形"卷展栏中单击 插入 按钮右侧的"设置"按钮▣，如图10-18所示。

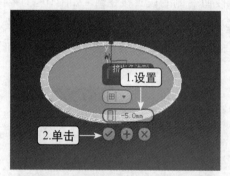

图10-17　挤出多边形

图10-18　单击插入设置按钮

⓭ 在弹出的"插入"浮动界面中将"数量"设置为"2"，然后单击"确定"按钮☑，如图10-19所示。

⓮ 在修改面板中单击 挤出 按钮后面的"设置"按钮▣，如图10-20所示。

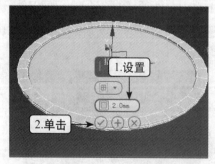

图10-19　插入多边形

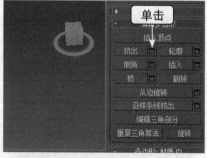

图10-20　单击挤出设置按钮

⓯ 在弹出的"挤出多边形"浮动界面中将"高度"设置为"5"，单击"确定"按钮☑，如图10-21所示。

⓰ 在透视图中选中台面下方的多边形，在修改面板"编辑多边形"卷展栏中单击 插入 按钮后面的"设置"按钮▣，如图10-22所示。

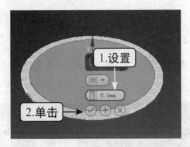

图10-21 挤出多边形

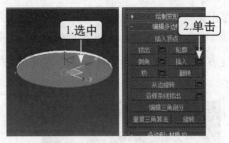

图10-22 单击插入设置按钮

⑰ 在弹出的"插入"浮动界面中将"数量"设置为"20",单击"确定"按钮✓,如图10-23所示。

⑱ 保持选中插入的多边形状态,按【Delete】键将其删除,如图10-24所示。

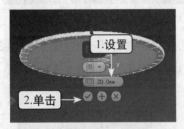

图10-23 插入多边形

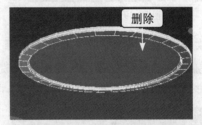

图10-24 删除多边形

⑲ 在修改器堆栈中进入"边界"层级,在透视图中选中删除多边形后生成的边界对象,然后在前视图中按住【Shift】键沿Y轴向下移动至如图10-25所示的位置。

⑳ 在修改器堆栈中进入"边"层级,在透视图中加选如图10-26所示的边。

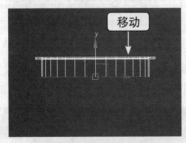

图10-25 移动边界

图10-26 加选边

㉑ 在工具栏中单击"建模"选项卡,同时单击"修改选择"面板,单击其中的 [相似▼] 按钮,如图10-27所示。

㉒ 在修改面板"编辑边"卷展栏中单击 [切角] 按钮后面的"设置"按钮▣,如图10-28所示。

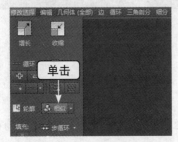

图10-27 相似选择边

图10-28 单击切角设置按钮

㉓ 在弹出的"切角"浮动界面中将"边切角量"设置为"1","连接边分段"设置为"1",单击"确定"按钮 ☑,如图10-29所示。

㉔ 退出边层级,在"修改器列表"下拉列表框中选择"涡轮平滑"修改器,如图10-30所示。

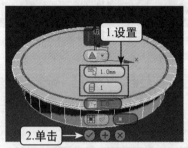

图10-29　边切角

图10-30　选择涡轮平滑修改器

㉕ 在修改面板的"涡轮平滑"卷展栏中将"迭代次数"设置为"2",如图10-31所示。

㉖ 在对象上单击鼠标右键,在弹出的快捷菜单中选择【转换为】/【转换为可编辑多边形】命令,如图10-32所示。

图10-31　设置迭代次数

图10-32　转换为可编辑多边形

㉗ 进入边界层级,在透视图中选中台面下方的边界,在修改面板的"编辑边界"卷展栏中单击 封口 按钮,完成台面的创建,如图10-33所示。

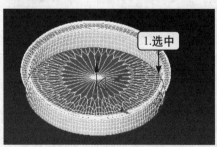

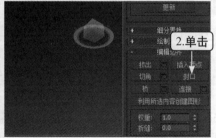

图10-33　封口多边形

2. 创建Logo

① 在前视图中创建矩形,将"长度"与"宽度"分别设置为"20"、"20",如图10-34所示。

② 选中矩形,单击鼠标右键,在弹出的快捷菜单中选择【转换为】/【转换为可编辑样条线】命令,如图10-35所示。

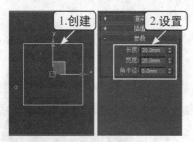

图10-34 创建矩形　　　　　　　　图10-35 转换为可编辑样条线

03 在修改器堆栈中单击"可编辑样条线"左侧的■按钮，在展开的下拉列表中选择"顶点"层级，如图10-36所示。

04 框选矩形的所有顶点，单击鼠标右键，在弹出的快捷菜单中选择【角点】命令，如图10-37所示。

图10-36 选择顶点层级　　　　　　图10-37 选择角点选项

05 利用移动工具将矩形上方的2个顶点调节成如图10-38所示的形状。

06 框选矩形所有顶点，在修改面板的"几何体"卷展栏的"圆角"数值框中输入"1"，然后单击 ■圆角 按钮，如图10-39所示。

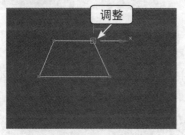

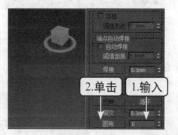

图10-38 选择顶点层级　　　　　　图10-39 圆角顶点

07 在前视图矩形下方以从上至下的方式创建一条曲形的线，如图10-40所示。

08 进入线的顶点层级，框选所有顶点，单击鼠标右键，在弹出的快捷菜单中选择【平滑】命令，如图10-41所示。

图10-40 创建曲线　　　　　　　　图10-41 选择平滑选项

09 利用移动工具将平滑后的顶点调节成如图10-42所示的形状。

10 进入样条线层级，在修改面板的"几何体"卷展栏的"轮廓"数值框中输入"8"，然后单击 轮廓 按钮，如图10-43所示。

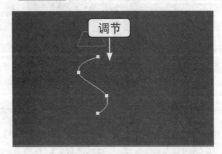

图10-42　调节顶点

图10-43　轮廓样条线

11 回到顶点层级，加选如图10-44所示的顶点，在修改面板的"几何体"卷展栏的"焊接"数值框中输入"80"，单击 焊接 按钮。

12 在修改面板的"几何体"卷展栏中单击 附加 按钮，然后在前视图中单击前面创建的矩形图形将其附加到一起，如图10-45所示。

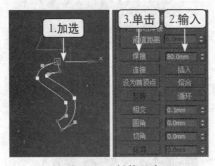

图10-44　焊接顶点

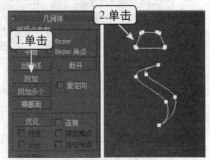

图10-45　附加对象

13 附加好对象后，综合利用前视图与顶视图将对象放置到对应的位置，如图10-46所示。

14 选中台面对象，单击"创建"选项卡，单击"几何体"按钮 ，在下拉列表框中选择"复合对象"选项，同时单击 图形合并 按钮，如图10-47所示。

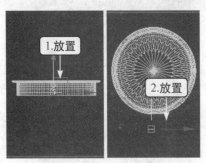

图10-46　放置位置

图10-47　单击图形合并按钮

15 在修改面板的"拾取操作对象"卷展栏中单击 拾取图形 按钮，然后在前视图中单击Logo图形，如图10-48所示。

16 在修改面板"操作"栏中选中"饼切"单选项，如图10-49所示。

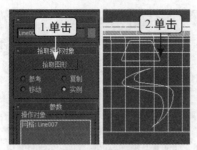 

图10-48　拾取图形　　　　　　　图10-49　选中饼切单选项

⑰ 再次选中台面对象，单击鼠标右键，在弹出的快捷菜单中选择【转换为】/【转换为可编辑多边形】命令，如图10-50所示。

⑱ 进入多边形的边界层级，加选Logo处的边界，按住【Shift】键，在顶视图中利用移动工具沿Y轴向上移动，完成Logo的创建，如图10-51所示。

 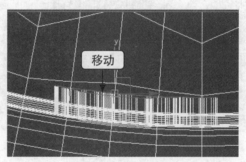

图10-50　转换为可编辑多边形　　　　图10-51　移动边界

3. 创建支撑脚

① 在前视图中创建一个矩形，将"长度"设置为"160"，"宽度"设置为"20"，"角半径"设置为"5"，如图10-52所示。

② 选中矩形，单击鼠标右键，在弹出的快捷菜单中选择【转换为】/【转换为可编辑样条线】命令，如图10-53所示。

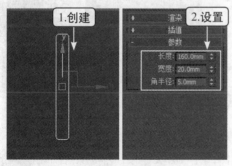 

图10-52　创建矩形　　　　　　图10-53　转换为可编辑样条线

③ 进入可编辑样条线的"样条线"层级，在修改面板的"几何体"卷展栏的"轮廓"数值框中输入"−13"，单击 轮廓 按钮，如图10-54所示。

④ 选中轮廓好的样条线，在"修改器列表"下拉列表框中选择"挤出"修改器，如图10-55所示。

图10-54 轮廓样条线

图10-55 选择挤出修改器

05 在修改面板的"参数"卷展栏中将"数量"设置为"15",如图10-56所示。

06 将挤出的矩形转换为可编辑多边形,进入到"多边形"子层级,在透视图中加选顶部与底部的多边形,如图10-57所示。

图10-56 设置挤出数量

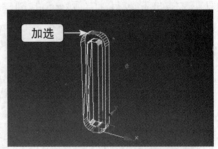

图10-57 加选多边形

07 在修改面板的"编辑多边形"卷展栏中单击 挤出 按钮右侧的设置按钮 ，如图10-58所示。

08 在弹出的"挤出多边形"浮动界面中将"高度"设置为"100",然后单击"确定"按钮 ，如图10-59所示。

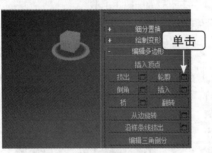

图10-58 单击挤出设置按钮

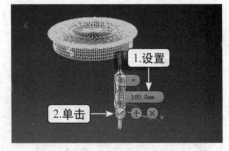

图10-59 挤出多边形

09 在前视图与顶视图中将创建好的对象与台面放置好位置,如图10-60所示。

10 保持支撑脚的选中状态,在命令面板中单击"层次"按钮 ，然后单击 仅影响轴 按钮,如图10-61所示。

11 在顶视图中利用移动工具将支撑脚的轴沿Y轴向上移动到台面对象的中心位置,如图10-62所示。

12 单击 仅影响轴 按钮关闭轴,在工具栏中右键单击"角度捕捉切换"按钮 ，在打开的对话框中将"角度"设置为"120",然后关闭对话框,如图10-63所示。

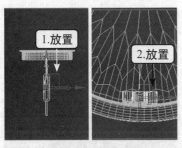

图10-60　放置位置

图10-61　单击仅影响轴按钮

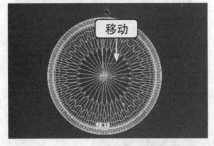

图10-62　移动轴位置

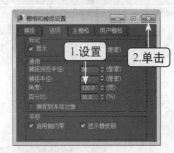

图10-63　设置角度

⓭ 在工具栏中单击"角度捕捉切换"按钮，然后单击"选择并旋转"按钮，在顶视图中按住【Shift】键向上旋转一次，如图10-64所示。

⓮ 在打开的"克隆选项"对话框的"副本数"数值框中输入"2"，单击 确定 按钮，完成支撑脚的创建，如图10-65所示。

图10-64　克隆旋转对象

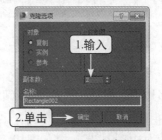

图10-65　设置克隆数量

4. 创建下台面

① 在前视图中选中上台面，以"复制"的方式向下克隆出一个，如图10-66所示。

② 进入克隆台面的"多边形"层级，在透视图中框选如图10-67所示的多边形，按【Delete】键将其删除。

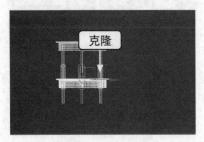

图10-66　克隆台面

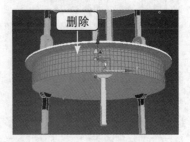

图10-67　删除多边形

03 进入边界层级，在透视图中选中删除多边形后的边界，在前视图中按住【Shift】键沿Y轴向下移动到如图10-68所示的位置。

04 保持选中边界状态，在修改面板的"编辑边界"卷展栏中单击 封口 按钮，如图10-69所示。

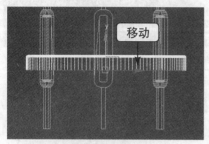

图10-68　移动边界　　　　　　　　　　　图10-69　边界封口

05 退出边界层级，在透视图中利用选择并均匀缩放工具将下台面均匀缩放至如图10-70所示的大小，即可完成下台面的创建。

图10-70　缩放下台面

5. 创建灯光与材质

01 选中上台面，在修改器堆栈中进入多边形层级，在透视图中框选所有多边形，在修改面板"多边形：材质ID"栏"设置ID"数值框中输入"1"，如图10-71所示。

02 重新选择上台面顶部内圈的所有多边形，在修改面板"多边形：材质ID"栏"设置ID"数值框中输入"2"，如图10-72所示。

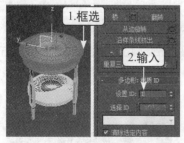

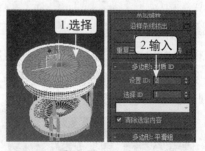

图10-71　设置ID　　　　　　　　　　　图10-72　设置ID

03 退出多边形层级，选中下台面，同样进入多边形层级，框选所有多边形，在修改面板"多边形：材质ID"栏"设置ID"数值框中输入"1"，如图10-73所示。

04 重新选择下台面顶部内圈的所有多边形，在修改面板"多边形：材质ID"栏"设置ID"数值框中输入"2"，如图10-74所示。

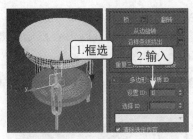
图10-73　设置ID

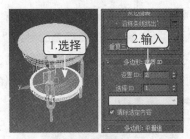
图10-74　设置ID

05 按【M】键打开材质编辑器，选中第1个材质球，单击"材质类型"按钮 Architectural ，在打开的对话框中双击"建筑"材质选项，如图10-75所示。

06 在"模板"卷展栏的下拉列表框中选择"金属-刷过的"选项，如图10-76所示。

图10-75　选择建筑材质选项

图10-76　选择金属-刷过的选项

07 在"物理性质"卷展栏中将"漫反射颜色"设置为"0、0、0"，如图10-77所示。

08 将此材质赋予到场景中的支撑脚对象上，如图10-78所示。

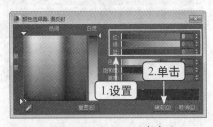
图10-77　设置漫反射颜色

图10-78　赋予材质

09 在材质编辑器中选择第2个材质球，单击"材质类型"按钮 Architectural ，在打开的对话框中双击"多维/子对象"材质选项，如图10-79所示。

10 在打开的"替换材质"对话框中选中"丢弃旧材质"单选项，然后单击 确定 按钮，如图10-80所示。

图10-79　选择多维/子对象材质

图10-80　丢弃旧材质

⑪ 在材质编辑器中，将第1个材质球拖动到"多维/子对象基本参数"卷展栏ID为"1"的
"子材质"类型的 　无　 按钮上，在打开的"实例（副本）材质"对话框中选
中"实例"单选项，单击 确定 按钮，如图10-81所示。

⑫ 单击ID为"2"的"子材质"类型按钮 　无　 ，在打开的对话框中双击"建筑"
材质选项，如图10-82所示。

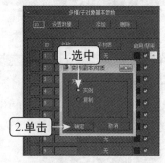

图10-81　实例克隆材质

图10-82　选择建筑材质

⑬ 在"模板"卷展栏的下拉列表框中选择"玻璃-半透明"选项，如图10-83所示。

⑭ 在"物理性质"卷展栏中将"漫反射颜色"设置为"200、200、200"，如图10-84
所示。

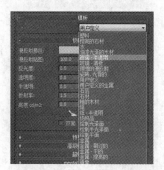

图10-83　选择玻璃-半透明选项

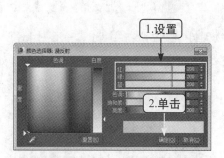

图10-84　设置漫反射颜色

⑮ 将此材质赋予给上台面与下台面对象，如图10-85所示。

⑯ 选中第3个材质球，单击"材质类型"按钮 Architectural ，在打开的对话框中双击"建
筑"材质选项，如图10-86所示。

图10-85　赋予材质

图10-86　选择建筑材质

⑰ 在"模板"卷展栏的下拉列表框中选择"瓷砖、光滑的"选项，如图10-87所示。

⑱ 在顶视图中创建一个平面作为场景地面，将长度和宽度分别设置为"6000"、
"6000"，并将第3个材质球赋予给它，如图10-88所示。

图10-87 选择瓷砖-光滑的选项

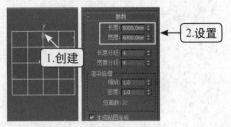

图10-88 创建平面

⑲ 在前视图中从右上角创建一盏照射边几模型的目标聚光灯，如图10-89所示。

⑳ 在聚光灯修改面板的"常规参数"卷展栏的"阴影"栏中选中"启用"复选框，并在下拉列表框中选择"区域阴影"选项，如图10-90所示。

图10-89 创建目标聚光灯

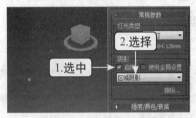

图10-90 开启区域阴影

㉑ 在"聚光灯参数"卷展栏中将"聚光区/光束"设置为"20"、"衰减区/区域"设置为"80"，如图10-91所示。

㉒ 在前视图中灯光照射角度的位置创建目标摄像机，如图10-92所示。

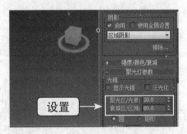

图10-91 设置聚光灯参数

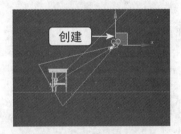

图10-92 创建目标摄像机

㉓ 在工具栏中单击【渲染】/【环境】选项，在打开的"环境和效果"对话框"曝光控制"卷展栏下拉列表框中选择"对数曝光控制"选项，同时在"对数曝光控制参数"卷展栏中将"亮度"设置为"50"，"对比度"设置为"70"，如图10-93所示。

㉔ 在透视图中按【C】键切换到摄像机视图，再按【F9】键进行渲染即可完成"时尚边几"模型的创建，如图10-94所示。

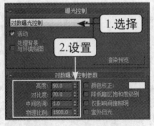

图10-93 设置曝光控制

图10-94 渲染效果

第11章
创建"欧式卧室"
场景

项目目标

　　本项目将综合使用多边形建模、二维图形建模以及修改器建模等操作完成较为复杂的欧式卧室模型的创建，重点介绍室内建模的方法、场景灯光的布置、室内材质效果的创建。项目效果如图11-1所示。

素材文件	素材\第11章\欧式卧室.max
效果文件	效果\第11章\欧式卧室.max
动画演示	动画\第11章\11-1.swf、11-2.swf、11-3.swf、11-4.swf

图11-1 "欧式卧室"场景

任务分析

1. 项目分析

　　本项目为一种典型的室内房间设计案例，其中不仅涉及墙体的制作，还包括门、窗、吊顶、地脚线的创建，同时也涉及基本的墙面装饰设计内容，这些都是室内房间设计的基本操作。通过本项目不仅可以掌握该卧室场景的创建方法，同时还能学会室内房间的一些设计与制作思路。

　　本项目中的吊灯、床、床头柜、台灯等模型是通过合并导入快速创建的。实际工作或学习中，也应该养成积累模型的良好习惯，无论模型有多简单，比如书籍模型，都可以应用到一些室内场景中，这样不仅节省了复杂场景的制作时间，而且能使场景细节更加丰富，得到的效果图也更加真实。

2. 重难点分析

　　制作本项目时，应注意以下几方面的问题。

● 创建墙体结构：本项目的墙体结构不仅尺寸应尽量贴近真实，更重要的是在墙体上制作窗体和门等对象时，其创建的位置和尺寸也应该与实际中的相符，这样才能使效果图更加逼真自然。

● 设计室内装修：欧式卧室的装修在于模型边缘的处理，与简单的现代简约装修风格不同，但只要合理运用3ds Max 2015的建模功能，也能化繁为简，轻松地制作出具有欧式风格的装修效果。

⏱ 制作思路

"欧式卧室"场景的创建思路如下所示。

（1）创建墙体结构。将长方体转换成可编辑多边形，通过挤出、连接等编辑操作创建出墙体基本结构，如图11-2所示。

图11-2　创建墙体结构

（2）创建室内装修。创建二维图形，通过放样复合对象创建踢脚线与天花板，再通过可编辑多边形长方体创建背景墙与卧室门，如图11-3所示。

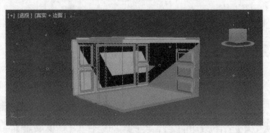

图11-3　创建室内装修

（3）合并室内模型。通过合并的方式向场景导入室内模型，并将它们放置在卧室中对应的位置，如图11-4所示。

图11-4　合并室内模型

（4）创建灯光与材质。创建出场景中模型对应的材质，赋予模型，再为室内添加灯光、摄像机，以及设置好环境颜色、曝光控制参数，对模型进行渲染，如图11-5所示。

图11-5　创建灯光与材质

▶ 制作步骤

下面具体介绍"欧式卧室"场景的创建方法和操作步骤。

1. 创建墙体结构

01 新建场景。在顶视图中创建长方体，将长度、宽度、高度分别设置为"4000"、"5000"、"3000"，如图11-6所示。

02 选中长方体，在"修改器列表"下拉列表框中选择"法线"修改器，如图11-7所示。

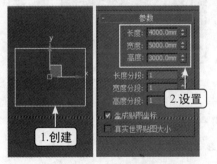

图11-6　创建长方体

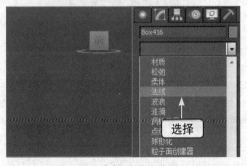

图11-7　选择法线修改器

03 在长方体上单击鼠标右键，在弹出的快捷菜单中选择"对象属性"命令，打开"对象属性"对话框，在"显示属性"栏中选中"背面消隐"复选框，然后单击 ▅▅▅ 按钮，如图11-8所示。

04 在长方体上再次单击鼠标右键，在弹出的快捷菜单中选择【转换为】/【转换为可编辑多边形】命令，如图11-9所示。

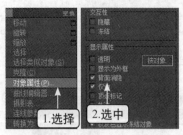

图11-8　设置对象属性　　　　　　　图11-9　转换为可编辑多边形

05 在修改器堆栈中单击"可编辑多边形"左侧的■按钮，在展开的列表中选择"边"层级，如图11-10所示。

06 在透视图中加选如图11-11所示的边，在修改面板"编辑边"卷展栏中单击■■连接■■按钮右侧的设置按钮■。

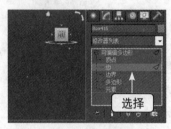

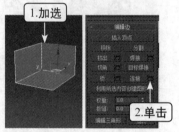

图11-10　选择边层级　　　　　　　图11-11　单击连接设置按钮

07 在打开的"连接边"浮动界面中将"分段"设置为"2"，"滑块"设置为"－80"，单击"应用并继续"按钮■，如图11-12所示。

08 在浮动界面中将"分段"设置为"1"，"滑块"设置为"60"，单击"确定"按钮■，如图11-13所示。

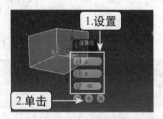

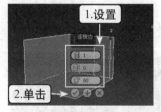

图11-12　连接边　　　　　　　　　图11-13　连接边

09 在修改器堆栈中进入多边形层级，在透视图中选中如图11-14所示的多边形，在修改面板的"编辑多边形"卷展栏中单击■挤出■按钮右侧的设置按钮■。

10 在打开的"挤出多边形"浮动界面中将"高度"设置为"－200"，单击"确定"按钮■，如图11-15所示。

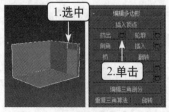

图11-14　单击挤出设置按钮　　　　图11-15　挤出多边形

⑪ 按【Delete】键将挤出的多边形删除，如图11-16所示。

⑫ 在修改器堆栈中回到边层级，在透视图中加选如图11-17所示的边。

图11-16 删除多边形

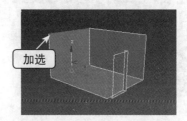

图11-17 加选边

⑬ 在修改面板的"编辑边"卷展栏中单击 连接 按钮右侧的"设置"按钮 ，在打开的"连边"浮动界面中将"分段"设置为"1"，"滑块"设置为"40"，单击"确定"按钮 ，如图11-18所示。

⑭ 进入多边形层级，在透视图中选中如图11-19所示的多边形，在修改面板的"编辑几何体"卷展栏中单击 分离 按钮。

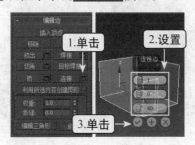

图11-18 连接边

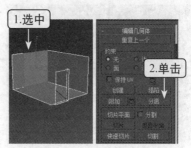

图11-19 分离多边形

⑮ 打开"分离"对话框，在"分离为"文本框中输入"窗户"，单击 确定 按钮，如图11-20所示。

⑯ 选中分离出的窗户对象，进入它的多边形层级，在修改面板的"编辑多边形"卷展栏中单击 插入 按钮右侧的"设置"按钮 ，在打开的"插入"浮动界面中将"数量"设置为"100"，单击"确定"按钮 ，如图11-21所示。

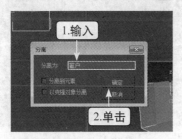

图11-20 设置名称

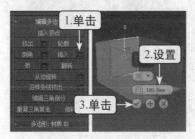

图11-21 插入多边形

⑰ 选中插入的多边形，在修改面板的"编辑多边形"卷展栏中单击 挤出 按钮右侧的"设置"按钮 ，在打开的"挤出多边形"浮动界面中将"高度"设置为"−300"，单击"确定"按钮 ，如图11-22所示。

⑱ 在修改面板的"编辑多边形"卷展栏中单击 插入 按钮右侧的"设置"按钮 ，在打开的"插入"浮动界面中将"数量"设置为"50"，单击"确定"按钮 ，如图11-23所示。

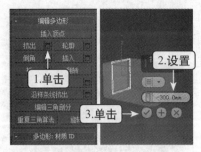

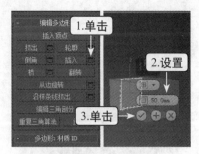

图11-22 挤出多边形　　　　　　　　　图11-23 插入多边形

⑲ 单击 挤出 按钮右侧的"设置"按钮 ，在打开的"挤出多边形"浮动界面中将"高度"设置为"-50"，单击"确定"按钮 ，如图11-24所示。

⑳ 保持选中最后挤出的多边形，在修改面板的"编辑几何体"卷展栏中单击 分离 按钮，在打开的"分离"对话框的"分离为"文本框中输入"玻璃"，单击 确定 按钮，如图11-25所示。

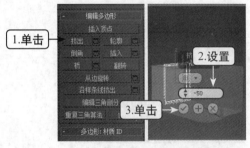

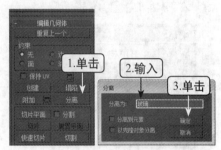

图11-24 挤出多边形　　　　　　　　　图11-25 分离对象

㉑ 在左视图中选中分离出的玻璃对象，进入边层级，加选上下两条边，在修改面板的"编辑边"卷展栏中单击 连接 按钮右侧的"设置"按钮 ，如图11-26所示。

㉒ 在打开的"连接边"浮动界面中将"分段"设置为"1"，"滑块"设置为"0"，单击"确定"按钮 ，如图11-27所示。

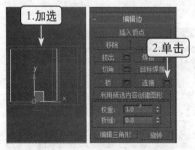

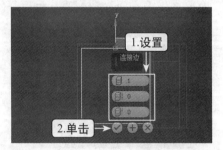

图11-26 单击连接设置按钮　　　　　　图11-27 连接边

㉓ 保持选中连接出的边，在修改面板的"编辑边"卷展栏中单击 切角 按钮右侧的"设置"按钮 ，在打开的"切角"浮动界面中将"边切角量"设置为"2"，单击"确定"按钮 ，如图11-28所示。

㉔ 进入多边形层级，在透视图中选中切角边中间产生的多边形，按【Delete】键将其删除，完成墙体结构的创建，如图11-29所示。

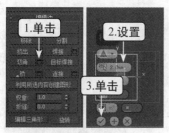

图11-28 边切角　　　　　　　　　　图11-29 删除多边形

2. 创建室内装修

01 在顶视图中利用2.5D捕捉，依次单击墙体外侧顶点，创建出闭合的线图形，如图11-30所示。

02 在前视图中创建一条封闭的样条线对象，如图11-31所示。

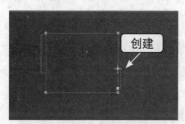

图11-30 创建线图形　　　　　　　　图11-31 创建封闭样条线

03 选中线，在"创建"面板的下拉列表框选择"复合对象"选项，单击 放样 按钮，在修改面板的"创建方法"卷展栏中单击 获取图形 按钮，然后单击封闭的样条线对象，创建出踢脚线，如图11-32所示。

04 单击修改器堆栈中的"Loft"左侧的 ■ 按钮，在展开的列表中选择"图形"层级，如图11-33所示。

图11-32 放样　　　　　　　　　　　图11-33 进入图形层级

05 在前视图中框选踢脚线图形，利用选择并旋转工具向右旋转180度，如图11-34所示。

06 退出图形层级，在前视图中利用2.5D捕捉工具将踢脚线放置在如图11-35所示的位置。

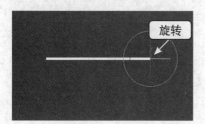

图11-34 旋转图形　　　　　　　　　图11-35 放置位置

07 在顶视图中利用2.5D捕捉工具捕捉墙体的左上角顶点与右下角顶点创建矩形，如图11-36 所示。

08 选中矩形，单击鼠标右键，在弹出的快捷菜单中选择【转换为】/【转换为可编辑样条线】命令，如图11-37所示。

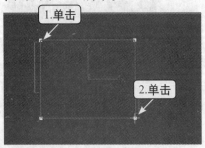

图11-36 创建矩形

图11-37 转换为可编辑样条线

09 在修改器堆栈中进入可编辑样条线的"样条线"层级，在修改面板的"几何体"卷展栏的"轮廓"数值框中输入"800"，单击 轮廓 按钮，如图11-38所示。

10 选中轮廓出的样条线，在"修改器列表"下拉列表框中选择"挤出"修改器，并在修改面板的"参数"卷展栏中将"数量"设置为"150"，如图11-39所示。

图11-38 轮廓样条线

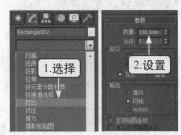

图11-39 挤出样条线

11 在前视图中将挤出的天花板对象放置到如图11-40所示的位置。

12 在顶视图中创建矩形，将"长度"与"宽度"分别设置为"2800"、"3800"，如图11-41所示。

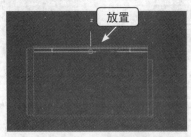

图11-40 放置位置

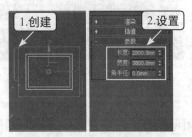

图11-41 创建矩形

13 选中矩形，将其转换为可编辑样条线，同时进入样条线层级，在修改面板的"几何体"卷展栏的"轮廓"数值框中输入"-100"，单击 轮廓 按钮，如图11-42所示。

14 保持轮廓出的矩形图形的选中状态，在"修改器列表"下拉列表框中选择"挤出"修改器，同时在修改面板的"参数"卷展栏中将"数量"设置为"100"，如图11-43所示。

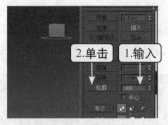

图11-42 轮廓样条线

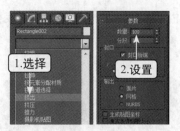

图11-43 挤出样条线

⑮ 在前视图中将挤出的灯槽放置在最顶部的位置，如图11-44所示。

⑯ 在顶视图中利用2.5D捕捉工具，捕捉天花板内部左上角的顶点与右下角的顶点创建矩形，如图11-45所示。

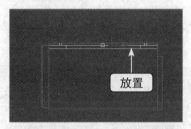

图11-44 放置位置

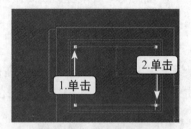

图11-45 捕捉创建矩形

⑰ 在前视图中创建一条封闭的样条线图形，如图11-46所示。

⑱ 选中矩形，在"创建"面板的复合对象类型中单击 放样 按钮，在修改面板的"创建方法"卷展栏中单击 获取图形 按钮，再单击创建的封闭样条线图形，创建出石膏线，如图11-47所示。

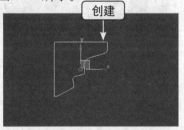

图11-46 创建封闭样条线图形

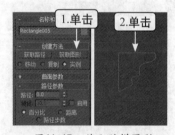

图11-47 获取放样图形

⑲ 在修改器堆栈单击"Loft"左侧的■按钮，在展开的列表中选择"图形"层级，在顶视图中框选图形，利用移动工具沿X轴向左下角移动，至石膏线完全进入最后一个矩形框内，如图11-48所示。

⑳ 退出图形层级，在前视图中利用移动工具将石膏线放置在如图11-49所示的位置。

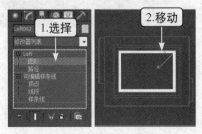

图11-48 移动图形

图11-49 放置位置

㉑ 在工具栏的"参考坐标系"下拉列表框中选择"视图"坐标轴选项，如图11-50所示。

㉒ 在前视图中创建长方体，将长度、宽度、高度分别设置为"2650"、"5000"、"100"，如图11-51所示。

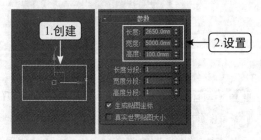

图11-50 选择坐标轴   图11-51 创建长方体

㉓ 选中长方体，单击鼠标右键，在弹出的快捷菜单中选择【转换为】/【转换为可编辑多边形】命令，如图11-52所示。

㉔ 在修改器堆栈中进入"边"层级，在前视图中加选长方体上下两条边，在修改面板的"编辑边"卷展栏中单击 连接 按钮右侧的"设置"按钮■，如图11-53所示。

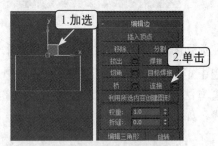

图11-52 转换为可编辑多边形   图11-53 单击连接边设置按钮

㉕ 在打开的"连接边"浮动界面中将"分段"设置为"2"，"收缩"设置为"45"，单击"确定"按钮☑，如图11-54所示。

㉖ 在前视图中加选如图11-55所示的边，在修改面板的"编辑边"卷展栏中单击 连接 按钮右侧的"设置"按钮■。

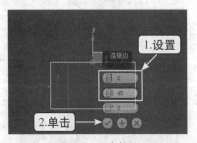

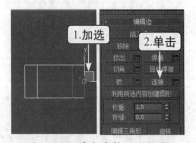

图11-54 连接边   图11-55 单击连接设置按钮

㉗ 在打开的"连接边"浮动界面中将"连接边分段"设置为"1"，"收缩"设置为"0"，单击"确定"按钮☑，如图11-56所示。

㉘ 在前视图中加选如图11-57所示的边，在修改面板的"编辑边"卷展栏中单击 连接 按钮右侧的"设置"按钮■。

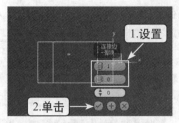
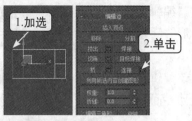

图11-56　连接边　　　　　图11-57　单击连接设置按钮

㉙ 在打开的"连接边"浮动界面中将"连接边分段"设置为"1"，单击"确定"按钮☑，如图11-58所示。

㉚ 进入多边形层级，在前视图中加选如图11-59所示的多边形，在修改面板的"编辑多边形"卷展栏中单击 插入 按钮右侧的"设置"按钮█。

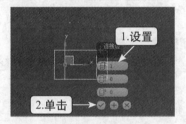
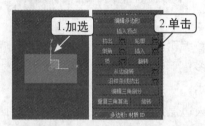

图11-58　连接边　　　　　图11-59　单击插入设置按钮

㉛ 在打开的"插入"浮动界面中单击 按钮，在弹出的下拉列表中选择"按多边形"选项，如图11-60所示。

㉜ 在浮动界面中将"数量"设置为"100"，单击"确定"按钮☑，如图11-61所示。

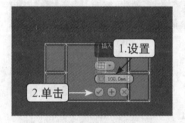

图11-60　选择按多边形　　　图11-61　插入多边形

㉝ 在修改面板的"编辑多边形"卷展栏中继续单击 挤出 按钮右侧的"设置"按钮█，在打开的"挤出多边形"浮动界面中将"高度"设置为"-30"，单击"确定"按钮☑，如图11-62所示。

㉞ 在"编辑多边形"卷展栏中单击 插入 按钮后面的"设置"按钮█，在打开的"插入"浮动界面中将"数量"设置为"50"，单击"确定"按钮☑，如图11-63所示。

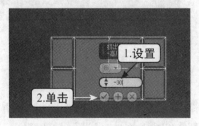
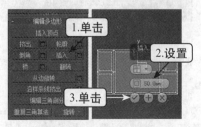

图11-62　挤出多边形　　　图11-63　插入多边形

㉟ 在"编辑多边形"卷展栏中单击 挤出 按钮右侧的"设置"按钮▣，在打开的"挤出多边形"浮动界面中将"高度"设置为"−30"，然后单击"确定"按钮☑，如图11-64所示。

㊱ 在"编辑多边形"卷展栏中单击 插入 按钮右侧的"设置"按钮▣，在打开的"插入"浮动界面中将"数量"设置为"30"，单击"确定"按钮☑，如图11-65所示。

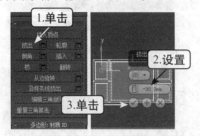
图11-64 挤出多边形

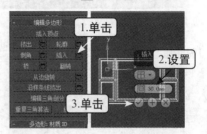
图11-65 插入多边形

㊲ 在"编辑多边形"修改器面板中单击 挤出 按钮右侧的"设置"按钮▣，在打开的"挤出多边形"浮动界面中将"高度"设置为"−30"，单击"确定"按钮☑，如图11-66所示。

㊳ 进入边层级，在前视图中加选如图11-67所示的边。

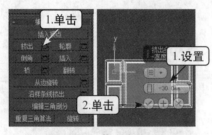
图11-66 挤出多边形

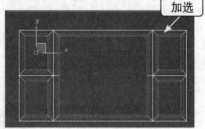
图11-67 加选边

㊴ 在修改面的板"编辑边"卷展栏中单击 切角 按钮右侧的"设置"按钮▣，在打开的"切角"浮动界面中将"边切角量"设置为"15"，"连接边"分段设置为"4"，单击"确定"按钮☑，如图11-68所示。

㊵ 退出边层级，将创建好的背景墙放置在如图11-69所示的位置。

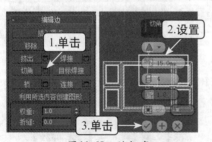
图11-68 边切角

图11-69 放置位置

㊶ 在左视图中创建长方体，将长度、宽度、高度分别设置为"2400"、"1300"、"100"，如图11-70所示。

㊷ 将长方体转换为可编辑多边形，进入边层级，在左视图中加选如图11-71所示的边，在修改面板的"编辑边"卷展栏中单击 连接 按钮右侧的"设置"按钮▣。

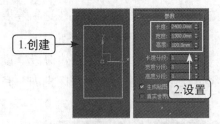

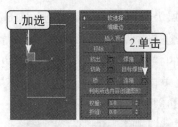

图11-70　创建长方体　　　　　图11-71　单击连接设置按钮

㊸ 在打开的"连接边"浮动界面中将"分段"设置为"2"，单击"确定"按钮⊘，如图11-72所示。

㊹ 进入多边形层级，在左视图中加选如图11-73所示的多边形，在修改面板的"编辑多边形"卷展栏中单击 插入 按钮右侧的"设置"按钮■。

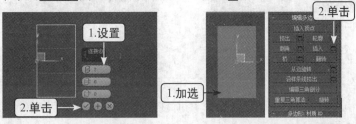

图11-72　连接边　　　　　　图11-73　单击插入设置按钮

㊺ 在打开的"插入"浮动界面中单击■▾按钮，在弹出的下拉列表中选择"按多边形"选项，如图11-74所示。

㊻ 在浮动界面中将"数量"设置为"50"，单击"确定"按钮⊘，如图11-75所示。

图11-74　选择按多边形选项　　　图11-75　插入多边形

㊼ 在"编辑多边形"卷展栏中单击 挤出 按钮右侧的"设置"按钮■，在打开的"挤出多边形"浮动界面中将"高度"设置为"-30"，单击"确定"按钮⊘，如图11-76所示。

㊽ 在"编辑多边形"卷展栏中单击 倒角 按钮右侧的"设置"按钮■，在打开的"倒角"浮动界面中将"高度"设置为"50"，"轮廓"设置为"-150"，单击"确定"按钮⊘，如图11-77所示。

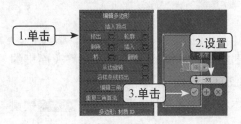

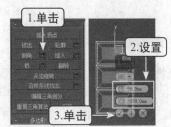

图11-76　挤出多边形　　　　　图11-77　倒角多边形

49 进入边层级,在左视图中加选如图11-78所示的边,在修改面板的"编辑边"卷展栏中单击 切角 按钮右侧的"设置"按钮。

50 在打开的"切角"浮动界面中将"边切角量"设置为"15","连接边分段"设置为"4",单击"确定"按钮。退出边层级,将创建出的卧室门放置在门框内,完成室内装修的创建,如图11-79所示。

 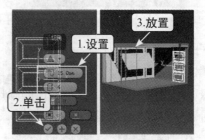

图11-78 单击切角设置按钮　　　图11-79 边切角

3. 合并室内模型

01 在场景中合并入光盘提供的素材文件"欧式卧室.max",如图11-80所示。

02 在前视图中框选灯具的所有组件,在顶视图中将其放置在卧室的中心位置并贴近顶部,如图11-81所示。

 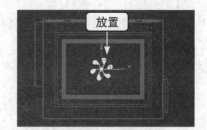

图11-80 合并文件　　　图11-81 放置灯具模型

03 在前视图中框选床组合的所有组件,在顶视图中将其放置在如图11-82所示的位置,并贴近地面。

图11-82 放置床模型

4. 创建材质与灯光

01 选中墙体对象,进入多边形层级,在透视图中选中地面的多边形,在修改面板的"编辑几何体"卷展栏中单击 分离 按钮,如图11-83所示。

02 在打开的"分离"对话框的"分离为"文本框中输入"地板",单击 确定 按钮,如图11-84所示。

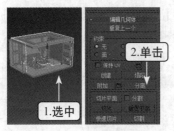

图11-83　分离对象

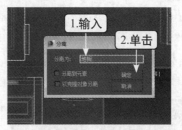

图11-84　设置名称

03 选中顶部的多边形，在修改面板的"编辑几何体"卷展栏中单击 分离 按钮，如图11-85所示。

04 在打开的"分离"对话框的"分离为"文本框中输入"天花板"，单击 确定 按钮，如图11-86所示。

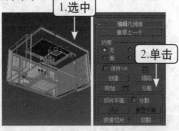

图11-85　分离对象

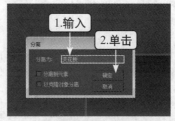

图11-86　设置名称

05 按【M】键打开"材质编辑器"对话框，选中第1个材质球，单击"材质类型"按钮 Architectural ，打开"材质/贴图浏览器"对话框，双击"建筑"材质选项，如图11-87所示。

06 在"模板"卷展栏的下拉列表框中选择"油漆光泽的木材"选项，同时在"物理性质"卷展栏中将"漫反射颜色"设置为"220、220、220"，如图11-88所示。

图11-87　选择建筑材质

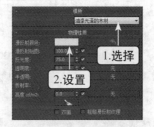

图11-88　选择模板

07 将此材质赋予给场景中如图11-89所示的对象，包括装饰墙、卧室门、踢脚线、床头柜。

08 选中第2个材质球，单击"材质类型"按钮 Architectural ，在打开的对话框中双击"建筑"材质选项，如图11-90所示。

图11-89　赋予材质

图11-90　选择建筑材质

⑨ 在"模板"卷展栏的下拉列表框中选择"油漆光泽的木材"选项，同时在"物理性质"卷展栏中单击"漫反射贴图"按钮 无 ，如图11-91所示。

⑩ 打开"材质/贴图浏览器"对话框，双击"位图"贴图选项，在打开的对话框中选择光盘提供的素材文件"木地板贴图"，单击 打开(O) 按钮，如图11-92所示。

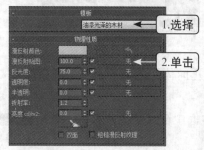

图11-91　单击贴图按钮

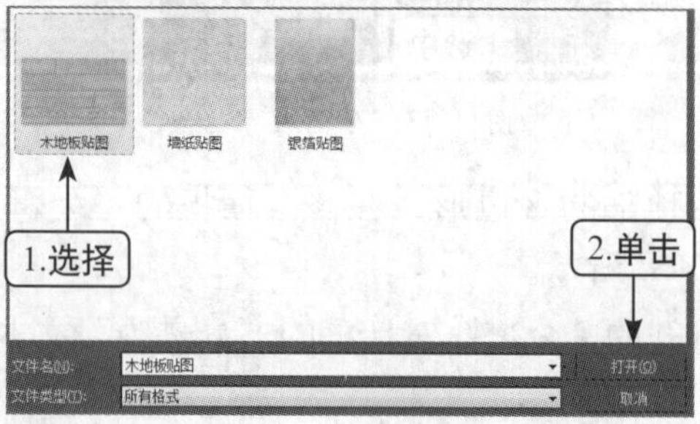

图11-92　选择位图

⑪ 将此材质赋予到场景中的地板对象上，如图11-93所示。

⑫ 选中分离出的地板对象，在"修改器列表"下拉列表框中选择"UVW贴图"修改器，如图11-94所示。

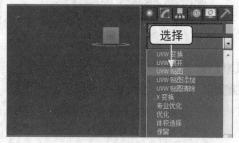

图11-93　赋予材质

图11-94　选择UVW修改器

⑬ 在修改面板的"参数"卷展栏中选中"长方体"单选项，同时将"长度"设置为"1200"、"宽度"设置为"1200"，"高度"设置为"1200"，如图11-95所示。

⑭ 选中第3个材质球，在"Blinn基本参数"卷展栏中将"漫反射颜色"设置为"200、200、200"，如图11-96所示。

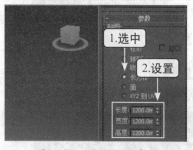

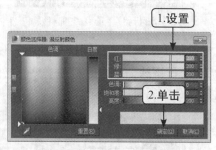

图11-95　设置UVW参数

图11-96　设置漫反射颜色

⑮ 将第3个材质球赋予给场景中的天花板与吊顶对象，如图11-97所示。

⑯ 选中第4个材质球，单击"材质类型"按钮 Architectural ，在打开的对话框中双击"建筑"材质选项，如图11-98所示。

图11-97 赋予材质

图11-98 选择建筑材质

⑰ 在"模板"卷展栏的下拉列表框中选择"玻璃-清晰"选项，如图11-99所示。
⑱ 将此材质赋予给场景中的玻璃对象，如图11-100所示。

图11-99 选择玻璃-清晰模板

图11-100 赋予材质

⑲ 选中第5个材质球，同样设置为"建筑"材质类型，并在"模板"卷展栏的下拉列表框中选择"金属-擦亮的"选项，如图11-101所示。
⑳ 将此材质赋予给场景中的台灯对象与窗户对象，如图11-102所示。

图11-101 选择金属-擦亮的模板

图11-102 赋予材质

㉑ 选择第6个材质球，选择"建筑"材质类型，在"模板"卷展栏的下拉列表框中选择"金属-刷过的"选项，同时在"物理性质"卷展栏中将"漫反射颜色"设置为黑色，如图11-103所示。
㉒ 将此材质赋予给场景中灯具的灯杆部分，如图11-104所示。

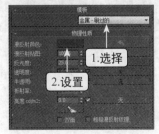
图11-103 选择金属-刷过的模板

图11-104 赋予材质

㉓ 选择第7个材质球，选择"建筑"材质类型，在"模板"卷展栏的下拉列表框中选择"玻璃-半透明"选项，同时将"漫反射颜色"设置为白色，如图11-105所示。

㉔ 将此材质赋予给场景中灯具的灯罩与吊坠部分，如图11-106所示。

图11-105 选择玻璃-半透明模板

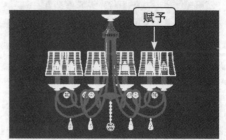

图11-106 赋予材质

㉕ 选中第8个材质球，在"Blinn基本参数"卷展栏中单击"漫反射"贴图按钮■，打开"材质/贴图浏览器"对话框，双击"位图"贴图选项，在打开的对话框中选择光盘提供的素材文件"墙纸贴图"选项，单击 打开⑩ 按钮，如图11-107所示。

㉖ 将此材质赋予给场景中的墙体对象，如图11-108所示。

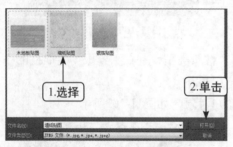

图11-107 选择位图

图11-108 赋予材质

㉗ 选中墙体，在"修改器列表"下拉列表框中选择"UVW贴图"修改器，如图11-109所示。

㉘ 在修改面板的"参数"卷展栏中选中"长方体"单选项，同时将长度、宽度、高度分别设置为"2000"、"2000"、"2000"，如图11-110所示。

图11-109 选择UVW修改器

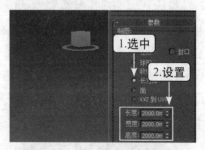

图11-110 设置UVW参数

㉙ 选中第9个材质球，在"Blinn基本材质"卷展栏中单击"漫反射"贴图按钮■，在打开的对话框中双击"衰减"贴图选项，如图11-111所示。

㉚ 在"衰减参数"卷展栏的"前：侧"栏中将前侧颜色设置为"255、200、150"，如图11-112所示。

图11-111 选择衰减贴图

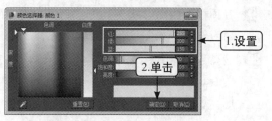

图11-112 设置前侧颜色

31 将此材质赋予给场景中如图11-113所示的对象。

32 选中第10个材质球,在"Blinn基本参数"卷展栏中单击"漫反射"贴图按钮█,打开"材质/贴图浏览器"对话框,双击"位图"贴图选项,并在打开的对话框中选择光盘提供的素材文件"银箔贴图"选项,单击 打开(O) 按钮,如图11-114所示。

图11-113 赋予材质

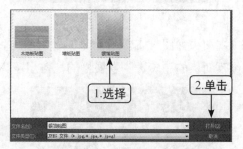

图11-114 选择位图

33 单击"转到父对象"按钮█,在"反射高光"栏中将"高光级别"设置为"70",如图11-115所示。

34 将此材质赋予给场景中如图11-116所示的对象。

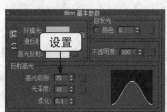

图11-115 设置高光级别

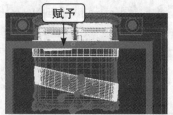

图11-116 赋予材质

35 在顶视图中创建一盏泛光灯,在修改面板的"常规参数"卷展栏的"阴影"栏中选中"启用"复选框,同时在下方的下拉列表框中选择"区域阴影"选项,如图11-117所示。

36 在"强度/颜色/衰减"栏中将灯光倍增设置为"2",颜色设置为"255、205、136",如图11-118所示。

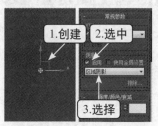

图11-117 设置灯光参数

图11-118 设置灯光强度与颜色

③⑦ 在顶视图中以"实例"方式将泛光灯克隆出5份，分别在顶视图与前视图中将其放置到
对应位置，如图11-119所示。

③⑧ 选择【渲染】/【环境】选项，在打开的"环境和效果"对话框中将"背景颜色"设置
为"130、140、160"，同时在下方的"曝光控制"下拉列表框中选择"线性曝光控
制"选项，如图11-120所示。

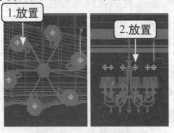

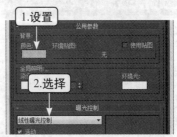

图11-119　放置灯光　　　　　　　　图11-120　设置背景颜色与曝光控制

③⑨ 在顶视图中如图11-121所示的位置创建一盏目标摄像机。

④⓪ 在修改面板的"参数"卷展栏的"备用镜头"栏中单击　　　按钮，如图11-122所示。

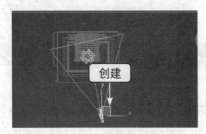

图11-121　创建目标摄像机　　　　　　图11-122　设置备用镜头

④① 在左视图中选中摄像机与目标点中间的线，利用移动工具移动到如图11-123所示的
位置。

④② 在透视图中按【C】键切换到摄像机视图，再按【F9】键渲染即可，如图11-124所示。

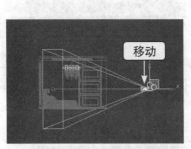

图11-123　移动摄像机高度　　　　　　图11-124　渲染效果

中文版
3ds Max 2015
实例教程

第12章
创建"室外卡通小屋"模型

项目目标

本项目将创建一个室外卡通小屋的场景，包括房屋外观、树木、围栏和草地等元素，并利用天光照明，渲染出一个简单却典型的室外环境。本项目的最终效果如图12-1所示。

素材文件	无
效果文件	效果\第12章\室外小屋.max
动画演示	动画\第12章\12-1.swf、12-2.swf、12-3.swf、12-4.swf

图12-1 "室外卡通小屋"模型

任务分析

1.项目分析

在实际工作中，针对建筑物等对象的室外建模往往会参考CAD等软件制作的标准图纸来制作。就本项目而言，由于是卡通小屋，因此在模型外观和尺寸上没有严格的要求，主要是通过项目的制作，了解并掌握使用3ds Max 2015在制作室外模型时的一些思路、流程和技巧，如使用系统自带的植物模型创建树木，使用毛发系统创建草地，使用天光照明场景等。

2.重难点分析

制作本项目时，应注意以下几方面的问题。

● 草地的制作：场景中的草地看似复杂，实际上制作起来很简单，这里将使用3ds Max 2015的毛发系统来制作草地，通过此操作掌握该系统的用法，以便制作出更多的模型效果，如毛毯、头发等对象。

● 天光的使用：天光照明是室外建模的首选灯光对象。本项目在使用天光时，应注意天光的类型、照明范围以及天光放置的位置等。

制作思路

"室外卡通小屋"模型的创建思路如下所示。

（1）创建房屋基本结构。将长方体转换成可编辑多边形，综合利用各种多边形建模功能创建出房屋的基本结构，如图12.2所示。

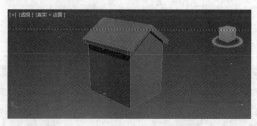

图12-2　创建房屋基本结构

（2）创建房屋外观。在房屋结构的基础上，使用多边形建模创建出窗户和入户门等细节对象，如图12-3所示。

图12-3　创建房屋外观

（3）创建其他室外环境。利用样条线与3ds Max 2015自带模型分别创建出围栏与树木模型，并利用毛发系统创建草地，如图12-4所示。

图12-4　创建其他室外环境

（4）创建材质与灯光。分离创建出玻璃、入户门、窗户、墙、屋顶，创建材质并赋予给场景中的各个对象，最后添加摄像机与灯光后进行渲染，如图12-5所示。

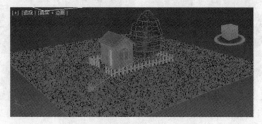

图12-5　创建灯光与材质

▶ **制作步骤**

下面具体介绍"室外卡通小屋"模型的创建方法和操作步骤。

1. 创建房屋基本结构

01 新建场景。在前视图中创建长方体，将长度、宽度、高度分别设置为"2300"、"2000"、"2500"，如图12-6所示。

02 选中长方体，在其上单击鼠标右键，在弹出的快捷菜单中选择【转换为】/【转换为可编辑多边形】命令，如图12-7所示。

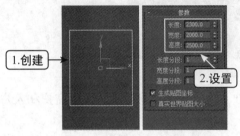

图12-6　创建长方体　　　　　　　　图12-7　转换为可编辑多边形

03 在修改器堆栈中单击"可编辑多边形"左侧的■按钮，在展开的下拉列表中选择"边"层级，如图12-8所示。

04 在顶视图中加选如图12-9所示的边，在修改面板的"编辑边"卷展栏中单击 连接 按钮右侧的"设置"按钮■。

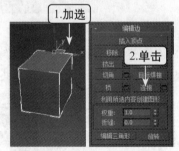

图12-8　选择边层级　　　　　　　　图12-9　单击连接设置按钮

05 在打开的"连接边"浮动界面中将"分段"设置为"1"，单击"确定"按钮☑，如图12-10所示。

06 保持选中连接出的边，在前视图中利用移动工具沿Y轴向上移动至如图12-11所示的位置。

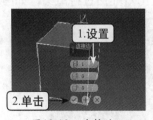

图12-10　连接边　　　　　　　　　图12-11　移动边

07 在修改器堆栈中进入多边形层级，在透视图中加选如图12-12所示的多边形，在修改面板的"编辑多边形"卷展栏中单击 挤出 按钮右侧的"设置"按钮█。

⑧ 在打开的"挤出多边形"浮动界面中将"高度"设置为"150",单击"确定"按钮█,如图12-13所示。

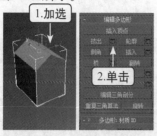 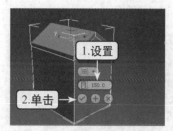

图12-12　单击挤出设置按钮　　　　图12-13　挤出多边形

⑨ 在透视图中加选如图12-14所示的多边形,在修改面板的"编辑多边形"卷展栏中单击 挤出 按钮右侧的"设置"按钮█。

⑩ 在打开的"挤出多边形"浮动界面中将"高度"设置为"150",单击"确定"按钮█,如图12-15所示。

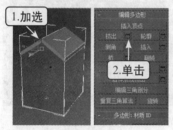 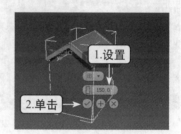

图12-14　单击挤出设置按钮　　　　图12-15　挤出多边形

 专家课堂

通过鼠标调整模型

进行多边形建模时,在修改面板中单击某个功能按钮,可直接在场景中拖动鼠标来控制建模效果。如选择某个多边形后,单击 挤出 按钮,即可在场景中拖动鼠标来直观地控制该多边形的挤出量。

⑪ 在透视图中加选如图12-16所示的多边形,在修改面板的"编辑多边形"卷展栏中单击 挤出 按钮右侧的"设置"按钮█。

⑫ 在打开的"挤出多边形"浮动界面中将"高度"设置为"150",单击"确定"按钮█,如图12-17所示。

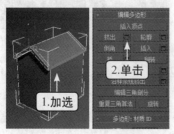 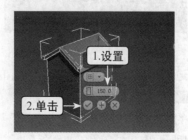

图12-16　单击挤出设置按钮　　　　图12-17　挤出多边形

⑬ 在前视图中利用移动工具将当前选中的对象沿Y轴向下移动至如图12-18所示的位置。

⑭ 加选屋顶所有的多边形对象，在修改面板的"编辑几何体"卷展栏中单击 分离 按钮，如图12-19所示。

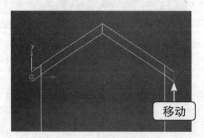

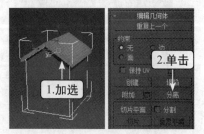

图12-18　移动多边形　　　　　图12-19　单击分离按钮

⑮ 在打开的"分离"对话框的"分离为"文本框中输入"屋顶"文字，单击 确定 按钮，如图12-20所示。

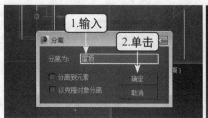

图12-20　分离对象

2. 创建房屋外观

① 退出多边形层级并进入边层级，在透视图中加选如图12-21所示的边，在修改面板的"编辑边"卷展栏中单击 连接 按钮右侧的"设置"按钮 。

② 在打开的"连接边"浮动界面中将"分段"设置为"2"，"收缩"设置为"40"，单击"应用并继续"按钮⊕一次，再单击"确定"按钮☑，如图12-22所示。

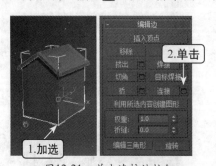

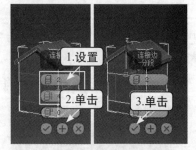

图12-21　单击连接边按钮　　　　图12-22　连接边

③ 进入多边形层级，选中如图12-23所示的多边形，在修改面板的"编辑几何体"卷展栏中单击 分离 按钮。

④ 在打开的"分离"对话框的"分离为"文本框中输入"窗户"，单击 确定 按钮，如图12-24所示。

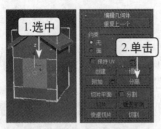
图12-23　单击分离按钮

图12-24　分离对象

05 选中分离出的窗户对象，进入边层级，在前视图中加选左右的2条边，在修改面板的"编辑边"卷展栏中单击 连接 按钮右侧的"设置"按钮■，如图12-25所示。

06 在打开的"连接边"浮动界面中将"分段"设置为"1"，"收缩"设置为"-50"，然后单击"确定"按钮☑，如图12-26所示。

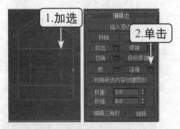
图12-25　单击连接边按钮

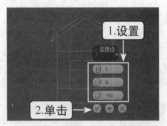
图12-26　连接边

07 在前视图中加选如图12-27所示的边，在修改面板的"编辑边"卷展栏中单击 连接 按钮右侧的"设置"按钮■。

08 在弹出的"连接边"浮动界面中将"分段"设置为"10"，"滑块"设置为"0"，单击"确定"按钮☑，如图12-28所示。

图12-27　单击连接边按钮

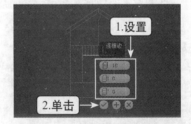
图12-28　连接边

09 进入顶点层级，在前视图中通过移动工具将连接边上的顶点调整成为如图12-29所示的形状。

10 回到边层级，在前视图中加选如图12-30所示的边，在修改面板的"编辑边"卷展栏中单击 连接 按钮右侧的"设置"按钮■。

图12-29　调整顶点

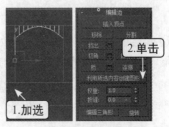
图12-30　单击连接边按钮

⑪ 在打开的"连接边"浮动界面中将"分段"设置为"1",单击"确定"按钮☑,如图12-31所示。

⑫ 保持连接边的选中状态,在前视图中利用移动工具沿Y轴向上移动至如图12-32所示的位置。

图12-31　连接边　　　　　　　　　　　图12-32　移动边

⑬ 在前视图中加选如图12-33所示的边,在修改面板的"编辑边"卷展栏中单击 连接 按钮右侧的"设置"按钮□。

⑭ 在打开的"连接边"浮动界面中将"分段"设置为"1",单击"确定"按钮☑,如图12-34所示。

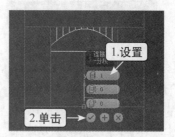

图12-33　单击连接设置按钮　　　　　　图12-34　连接边

⑮ 进入顶点层级,在前视图中加选如图12-35所示的顶点,在修改面板"编辑顶点"卷展栏中单击 连接 按钮。

⑯ 以相同方法分别加选另外两个对称的顶点,并为其连接出一条边,创建出如图12-36所示的效果。

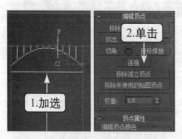
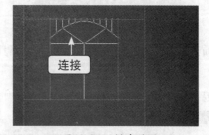

图12-35　连接顶点　　　　　　　　　　图12-36　创建效果

⑰ 进入多边形层级,在前视图中加选如图12-37所示的多边形,在修改面板的"编辑多边形"卷展栏中单击 插入 按钮右侧的"设置"按钮□。

⑱ 在打开的"插入"浮动界面中单击 按钮,在弹出的下拉列表中选择"按多边形"选项,继续在浮动界面中将"数量"设置为"30",单击"确定"按钮☑,如图12-38所示。

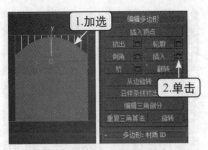
图12-37 单击插入设置按钮

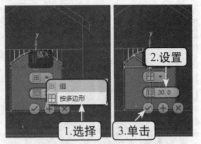
图12-38 插入多边形

⑲ 在"编辑多边形"卷展栏中单击 挤出 按钮右侧的"设置"按钮，在打开的"挤出多边形"浮动界面中将"高度"设置为"－50"，单击"确定"按钮，如图12-39所示。

⑳ 保持挤出多边形的选中状态，在修改面板的"编辑几何体"卷展栏中单击 分离 按钮，在打开的"分离"对话框的"分离为"文本框中输入"玻璃"，单击 确定 按钮，如图12-40所示。

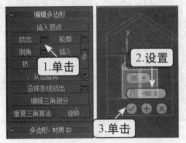
图12-39 挤出多边形

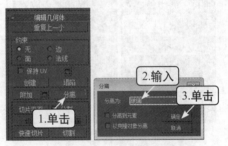
图12-40 分离对象

㉑ 选中分离出的窗户对象，进入边层级，在前视图中加选如图12-41所示的边，在修改面板的"编辑边"卷展栏中单击 切角 按钮右侧的"设置"按钮。

㉒ 在打开的"切角"浮动界面中将"边切角量"设置为"10"，"连接边分段"设置为"3"，单击"确定"按钮，如图12-42所示。

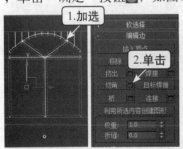
图12-41 边切角

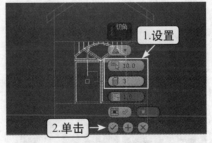
图12-42 设置切角量

㉓ 退出边层级，在前视图中创建一个长方体，将长度、宽度、高度分别设置为"200"、"1600"、"50"，"长度分段"设置为"10"，"宽度分段"设置为"20"，"高度分段"设置为"10"，如图12-43所示。

㉔ 选中长方体，在"修改器列表"下拉列表框中选择"弯曲"修改器，并在修改面板的"参数"卷展栏中将"角度"设置为"120"，"方向"设置为"90"，同时选中"X"弯曲轴，如图12-44所示。

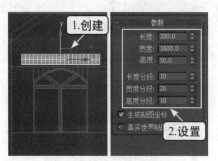

图12-43　创建长方体

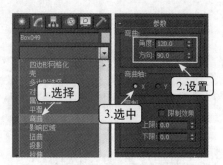

图12-44　添加弯曲修改器

㉕　在顶视图与前视图中将创建好的弯曲长方体分别放置到对应的位置，如图12-45所示。

㉖　框选房屋所有对象，在"修改器列表"下拉列表框中选择"对称"修改器，如图12-46所示。

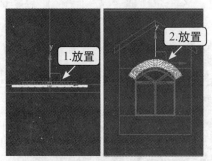

图12-45　放置位置

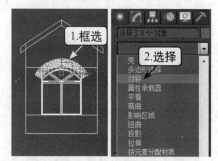

图12-46　选择对称修改器

㉗　在左视图中选中屋体对象，进入边层级，加选如图12-47所示的边，在修改面板的"编辑边"卷展栏中单击 连接 按钮右侧的"设置"按钮。

㉘　在打开的"连接边"浮动界面中将"分段"设置为"2"，"收缩"设置为"5"，"滑块"设置为"−60"，单击"应用并继续"按钮。继续在浮动界面中将"分段"设置为"1"，"收缩"设置为"0"，"滑块"设置为"50"，单击"确定"按钮，如图12-48所示。

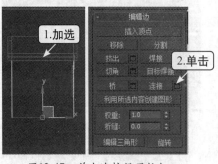

图12-47　单击连接设置按钮

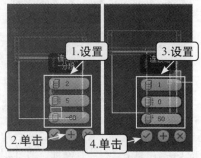

图12-48　连接边

㉙　在左视图中加选如图12-49所示的边，在"编辑边"卷展栏中单击 连接 按钮右侧的"设置"按钮。

㉚　在打开的"连接边"浮动界面中将"分段"设置为"10"，"滑块"设置为"0"，单击"确定"按钮，如图12-50所示。

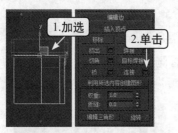
图12-49　单击连接设置按钮

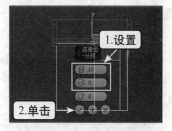
图12-50　连接边

㉛ 进入顶点层级，利用移动工具将连接边处的顶点调整成如图12-51所示的形状。

㉜ 进入多变形层级，选中如图12-52所示的多边形，在修改面板的"几何体"卷展栏中单击 分离 按钮。

图12-51　调整顶点

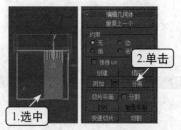
图12-52　单击分离按钮

㉝ 在打开的"分离"对话框的"分离为"文本框中输入"入户门"，单击 确定 按钮，如图12-53所示。

㉞ 选中分离出的入户门，进入多边形层级，在左视图中选中多边形，在修改面板的"编辑多边形"卷展栏中单击 插入 按钮右侧的"设置"按钮■，如图12-54所示。

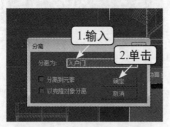
图12-53　命名分离对象

图12-54　单击插入设置按钮

㉟ 在打开的"插入"浮动界面中将"数量"设置为"80"，单击"确定"按钮☑，如图12-55所示。

㊱ 在"编辑多边形"卷展栏中单击 挤出 按钮右侧的"设置"按钮■，在打开的"挤出多边形"浮动界面中将"高度"设置为"－30"，单击"确定"按钮☑，如图12-56所示。

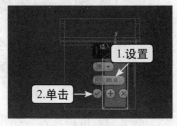
图12-55　插入多边形

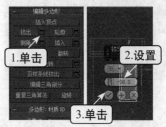
图12-56　挤出多边形

㊲ 单击 插入 按钮右侧的"设置"按钮■，在打开的"插入"浮动界面中将"数量"设置为"100"，单击"确定"按钮☑，如图12-57所示。

㊳ 在"编辑多边形"卷展栏中单击 倒角 按钮右侧的"设置"按钮■，在打开的"倒角"浮动界面中将"高度"设置为"50"，"轮廓"设置为"－30"，单击"确定"按钮☑，如图12-58所示。

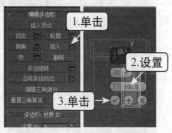

图12-57　插入多边形

图12-58　倒角多边形

㊴ 进入边层级，在左视图中加选如图12-59所示的边，在修改面板的"编辑边"卷展栏中单击 切角 按钮右侧的"设置"按钮■。

㊵ 在打开的"切角"浮动界面中将"边切角量"设置为"15"，"连接边分段"设置为"4"，单击"确定"按钮☑关闭对话框，完成房屋外观的创建，如图12-60所示。

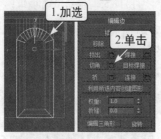

图12-59　单击切角设置

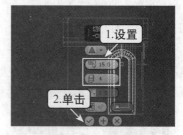

图12-60　边切角

3. 创建其他室外环境

① 在前视图中创建一个矩形，将长度和宽度分别设置为"700"、"150"，如图12-61所示。

② 将矩形转换为可编辑样条线，并进入其顶点层级，框选上方的两个顶点，在修改面板的"几何体"卷展栏的"切角"数值框中输入"50"，单击 切角 按钮，如图12-62所示。

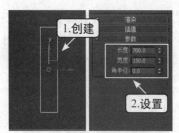

图12-61　创建矩形

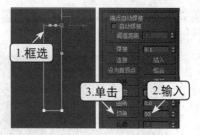

图12-62　顶点切角

③ 退出顶点层级，选中矩形，在"修改器列表"下拉列表框中选择"挤出"修改器，同

时在修改面板的"参数"卷展栏中将"数量"设置为"20",如图12-63所示。

④ 在顶视图中创建一条如图12-64所示的线。

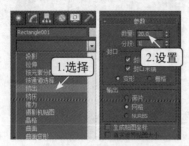
图12-63 挤出矩形

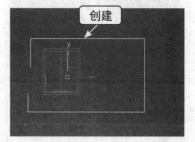
图12-64 创建线

⑤ 选中挤出的矩形,选择【工具】/【对齐】/【间隔工具】菜单命令,如图12-65所示。

⑥ 在打开的"间隔工具"对话框的"参数"栏中将"计数"数值框中的数字更改为"50",然后单击 拾取路径 按钮,再单击路径样条线,最后依次单击 应用 按钮和 关闭 按钮,如图12-66所示。

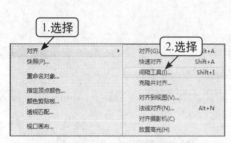
图12-65 选择间隔工具

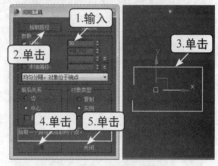
图12-66 拾取对齐路径

⑦ 选中路径样条线,在修改面板的"渲染"卷展栏中选中"在视口中启用"复选框与"在渲染中启用"复选框,同时在下方选中"矩形"单选项,并将"长度"设置为"100","宽度"设置为"10",如图12-67所示。

⑧ 在顶视图中创建平面,将长度和宽度分别设置为"20000"、"20000",如图12-68所示。

图12-67 设置可编辑样条线

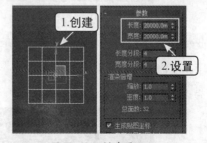
图12-68 创建平面

⑨ 在命令面板中单击"创建"选项卡,然后单击"几何体"按钮,在下拉列表框中选择"AEC扩展"选项,同时单击 植物 按钮,如图12-69所示。

⑩ 在修改面板的"收藏的植物"列表框中选择"春天的日本樱花"选项,在顶视图中单击鼠标创建樱花树,如图12-70所示。

图12-69 单击植物按钮

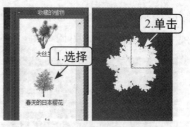

图12-70 创建樱花树

⑪ 利用选择并均匀缩放工具，将樱花树缩放到适合的大小，如图12-71所示。

⑫ 将樱花放置到对应的位置，如图12-72所示。

图12-71 缩放树木

图12-72 放置位置

4. 创建材质与灯光

① 按【M】键打开材质编辑器，选中第1个材质球，单击"材质类型"按钮 Architectural ，在打开的对话框中双击"建筑"材质类型，如图12-73所示。

② 在"模板"卷展栏的下拉列表框中选择"油漆光泽的木材"选项，同时将"漫反射颜色"设置为"240、240、240"，如图12-74所示。

图12-73 选择建筑材质

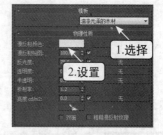

图12-74 选择油漆光泽的木材模板

③ 将此材质赋予给场景中如图12-75所示的对象，包括围栏、门和窗。

④ 选中第2个材质球，单击"材质类型"按钮 Architectural ，在打开的对话框中双击"建筑"材质类型，如图12-76所示。

图12-75 选择建筑材质

图12-76 赋予材质

05 在"模板"下拉列表框中选择"玻璃-半透明"选项，同时将"漫反射颜色"设置为"80、150、200"，如图12-77所示。

06 将此材质赋予给场景中的玻璃对象，如图12-78所示。

图12-77 选择玻璃-半透明模板

图12-78 赋予材质

07 选中第3个材质球，在"Blinn基本参数"卷展栏中单击"漫反射"贴图按钮■，在打开的对话框中双击"位图"贴图选项，并在打开的对话框中选择光盘提供的素材文件"墙砖材质"位图，单击 打开(O) 按钮，如图12-79所示。

08 将此材质赋予给场景中的墙体对象，如图12-80所示。

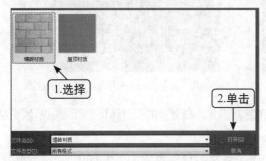

图12-79 选择位图

图12-80 赋予材质

09 选中墙体对象，在"修改器列表"下拉列表框中选择"UVW贴图"修改器，同时在修改面板的"参数"卷展栏中选中"长方体"单选项，将长度、宽度、高度分别设置为"800"、"800"、"800"，如图12-81所示。

10 选中第4个材质球，在"Blinn基本参数"卷展栏中单击"漫反射"贴图按钮■，在打开的对话框中双击"位图"贴图选项，并在打开的对话框中选择光盘提供的素材文件"屋顶材质"贴图，单击 打开(O) 按钮，如图12-82所示。

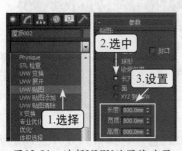

图12-81 选择UVW贴图修改器

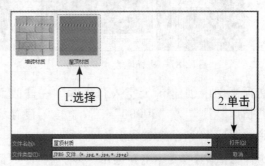

图12-82 选择位图

11 将此材质赋予给场景中的屋顶对象，如图12-83所示。

⑫ 选中第5个材质球，在"Blinn基本参数"卷展栏中将"漫反射颜色"设置为"200、200、200"，如图12-84所示。

图12-83 赋予材质

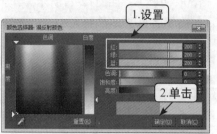

图12-84 设置漫反射颜色

⑬ 将此材质赋予给场景中的地面对象，如图12-85所示。

⑭ 选中地面，在"修改器列表"下拉列表框中选择"Hair和Fur（WSM）"修改器，如图12-86所示。

图12-85 赋予材质

图12-86 选择Hair和Fur（WSM）修改器

⑮ 在修改面板的"工具"卷展栏中单击 加载 按钮，在弹出的"Hair和Fur预设值"卷展栏中双击"Tall Grass(breeze).shp"选项，如图12-87所示。

⑯ 在修改面板的"常规参数"卷展栏中将"毛发数量"设置为"40000"，"比例"设置为"10"，"剪切长度"设置为"62"，"随即比例"设置为"24"，"根厚度"设置为"1"，"梢厚度"设置为"0.5"，如图12-88所示。

图12-87 选择毛发预设效果

图12-88 设置常规参数

⑰ 在顶视图中创建mr天空入口光源，在修改面板的"mr天光入口参数"卷展栏中将"长度"设置为"30000"，"宽度"设置为"30000"，并将灯光在前视图中放置到如图12-89所示的位置。

⑱ 选择【渲染】/【环境】菜单命令，打开"环境和效果"对话框，在"公用参数"卷展栏中将"背景颜色"设置为"100、230、240"，同时将"环境光颜色"设置为"255、255、255"，如图12-90所示。

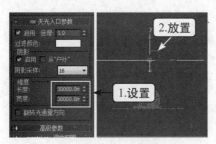

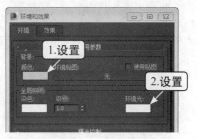

图12-89 放置天光 　　　　　　　 图12-90 设置环境颜色

⑲ 在顶视图中如图12-91所示的位置创建一台目标摄像机。

⑳ 在左视图中将摄像机向上移动至如图12-92所示的位置。

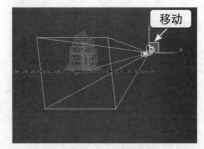

图12-91 创建目标摄像机 　　　　　 图12-92 移动摄像机

㉑ 按【F10】键打开"渲染设置"对话框，在"公用"选项卡的"指定渲染器"卷展栏中单击"选择渲染器"按钮▄，在打开的"选择渲染器"对话框中选择"NVIDIA mental ray"选项，单击▄确定▄按钮，如图12-93所示。

㉒ 在透视图中按【C】键进入摄像机视图，再按【F9】键进行渲染即可完成创建，如图12-94所示。

图12-93 选择渲染器 　　　　　　 图12-94 渲染效果